Englischer Besuch in Hamburg im Jahre 1798.

Englischer Besuch in Hamburg
im Jahre 1798

Wie zwei große englische Dichter nach
Hamburg reisten und was sie dort sahen, insbesondere
ihre höchst merkwürdigen Gespräche mit

Herrn Klopstock

Legationsrath und Verfasser der Messiade

Eingeleitet, übersetzt
und mit zahlreichen Anmerkungen versehen von

Dr. Kurt Loewenfeld

Hamburg 1927

Verlag von L. Friederichsen & Co.

Druck von der
Druckerei-Gesellschaft Hartung & Co. m. b. H.
Hamburg 25

Wenn jemand eine Reise tut,
So kann er was verzählen;
Drum nahm ich meinen Stock und Hut
Und tät das Reisen wählen.

Tutti:
Da hat Er gar nicht übel dran getan;
Verzähl Er doch weiter, Herr Urian!

(Matthias Claudius, 1786.)

+

Gesetzt du wärst, dich zu erfreu'n
Und ob des Leibes Stärke,
In Hamburg (Fleisch und Fisch und Wein
Sind hier sehr gut, das merke!) ...

(Matthias Claudius, 1773).

+

Inhaltsverzeichnis.

+

Einleitung.

Als Einführung mögen einige Zeilen über Samuel Taylor Coleridge dienen. Er soll ja — unterstützt von seinem Freunde Wordsworth — das Hauptstück des vorliegenden Büchleins hergeben. Da ist es wohl angebracht, daß wir uns ein weniges mit ihm beschäftigen. Er lohnt auch wirklich die Mühe, da er ein eigentümlich romantisch-verschnörkelter Charakter und Poet ist, über den nach einem Jahrhundert die Akten noch nicht geschlossen sind.

Ein Beispiel für viele.

Seine bedeutendste poetische Leistung, die stark genug geboren wurde, noch heute zu leben, an die wohl jeder Engländer zuerst denkt, wenn des Dichters Name erwähnt wird, ist "The Rime of the Ancient Mariner". Während der englische Biograph Traill[1] sagt, daß es „unnütz sei, in eine Diskussion darüber einzutreten, welchen Platz wahrlich in der englischen Literatur dieses einzige Produkt menschlicher Phantasie einnimmt", und der deutsche maßgebliche Autor über ihn, Brandl[2], in seiner trefflichen Analyse gelegentlich von ihm „als einem der originellsten Gedichte, die je ein Mensch ersonnen hat" spricht und später[3] „die dumpfe, obwohl mächtige Bewunderung des ersten Eindruckes" hervorhebt, findet der Däne Brandes[4] kaum etwas anderes als Worte der Ironie dafür. Er vermißt den „poetischen Kern" — als ob die Poesie eine Affennuß ist — und stellt einen alten Schmarren namens „Camao" von dem in den weitesten Kreisen vergessenen Moritz Hartmann „was dichterischen Gehalt angeht", hoch über die Schöpfung von Coleridge[5]. Man könnte vielleicht die Meinung von Georg Brandes, der sich doch sonst in so vielerlei Zungen und Geiste einzufühlen verstand, mit "interdum dormitat" respektvoll in die Rumpelkammer überflüssiger Literarhistorie werfen[6]. Ich erwähnte sie jedoch, um zu zeigen, wie verschieden der Dichter Coleridge auf Verschiedene wirkt. Denn Brandes steht keineswegs vereinzelt mit seiner Meinung da. Das Gedicht ist durch mancherlei Dornenhecken von der Kritik gerissen worden, bis es in den ewigen Vorrat englischer Poesie einzog. Schade übrigens, daß dies sprachlich recht schwierige Werk noch keine würdige deutsche Übersetzung erfahren hat. Brandl nennt[7] zu meiner Befremdung die Übertragung von Freiligrath[8] „meisterhaft". Ich kann sie kaum für einen Schüler gut genug finden. Man nehme nur die Überschrift, die Freiligrath „Der alte Matrose. Ein Romanzenzyklus" übersetzt, während ganz einfach „Die Ballade vom alten Seefahrer" genauer und treffender gewesen wäre. Nein, der Löwenritter ist nicht stark genug gewesen, den Kampf mit dem Drachen zu bestehen, und ich wünschte, daß ein besser prädestinierter Ritter aus dem Gefolge des St. George das kraftvolle Ungeheuer bezwänge. Denn ein Kampf ist eine Übersetzung allemal. Fulda hat sie allerdings gelegentlich mit einer Partie Schach verglichen. Eine Partie Schach ist ja auch ein Abbild des Kampfes, — etwa so wie Rostand ein Abbild eines rechten Dichters ist.

Da ich gerade beim Übersetzen bin, will ich nicht vergessen zu erwähnen, daß Coleridge ein Meisterwerk der deutschen Literatur in kongenialer Nachschöpfung ins Englische übertrug, nämlich den „Wallenstein". Die Geschichte dieser Übertragung, die noch vor dem deutschen Original im Druck erschien, der Ärger Schillers über die Abweichungen, Auslassungen und Zusätze und wiederum deren — wenigstens teilweise — Rechtfertigung, ist zu sehr in der landläufigen Literaturgeschichte abgedroschen, als daß ich hier darauf eingehen möchte. Erlaubt sei nur der Hinweis auf den Parallelismus, daß viele Engländer der Meinung sind, daß

Coleridges „Wallenstein" den von Schiller übertreffe, was nach meinem Gerechtigkeitsgefühl sehr schön ist, weil eine große Anzahl von Deutschen die nicht verrückliche Ansicht haben, daß „Schlegel-Tieck" besser ist als „Shakespeare".

Übrigens war Coleridge vor seiner Übersetzung der Weisung des größeren Kollegen gefolgt: „Wer den Dichter will verstehen, muß in Dichters Lande gehen". Nur waren es nicht allein des Dichters Land und Sprache, die er suchte. Gemäß seiner dreifachen Qualität — „Samuel Taylor Coleridge—Logician—Metaphysician—Bard" so apostrophiert ihn Charles Lamb, sein Jugend- und Lebensfreund, in einem der herrlichsten Stücke englischer Prosa[9] — wollte Coleridge auch, oder richtiger, hauptsächlich, die Sprache der deutschen Logiker und Metaphysiker lernen. Dieses darf man füglich ein großes Unternehmen nennen, das nicht einmal allen Deutschen geglückt ist. Ob es ihm übrigens so ganz gelungen ist, bleibt zweifelhaft. Seine eigene wohlgemute Erklärung[10] nach kurzmonatlichem Aufenthalte ist nur als der absolut typische Irrtum eines einer neuen Sprache Beflissenen hinzunehmen. Doch schon die Absicht bei einem so insulierten Inselbewohner, wie es der Engländer um 1800 war, ist zu loben.

Jedenfalls verdanken wir der Reise das amüsante Stücklein, das ich hier vorlege.

Die Reise wurde im Herbst des Jahres 1798 unternommen. Die Reisegefährten waren außer Coleridge: der Dichter William Wordsworth, dessen Schwester Dorothy und ein Mann Namens Chester. Dieser letztere, eine Art Berufsbewunderer, bleibt im Hintergrund, während Wordsworth derjenige ist, der — im Buche als „W." abgekürzt — dank seiner Kenntnis der französischen Sprache eine Unterhaltung mit Klopstock führen konnte. Auch Dorothy wird, wenigstens in den Anmerkungen, erscheinen. Ich will hier nicht die Frage behandeln, ob diese Reise der Munifizenz der Wedgwood-Familie zu danken ist, die

Coleridge jedenfalls ein Jahresgehalt von £ 150 dafür gab, daß er dichten konnte, oder nicht. Das hierüber entbrannte Literaturfehdlein möge auf sich beruhen.

Uns genügt, zwei Dichter zogen in die Welt. Sie sahen Hamburg und beschrieben es. Sie besuchten Klopstock und haben uns seine Unterhaltung überliefert. Gewiß ist nicht jede Bemerkung, die sie machen, als bare Münze hinzunehmen. Mitunter scheint den Engländern ein ganz ausgewachsener Bär aufgebunden worden zu sein. Ich erwähne einen Fall besonders, weil ihn der sonst so umsichtige moderne französische Biograph Coleridges, Aynard, noch gläubig wiederholt. Es handelt sich um folgendes[11].

Nachdem Coleridge die deutsche Sprache vier Monate gründlichst in Ratzeburg gelernt hatte, begab er sich zum Studium der Logiker und Metaphysiker nach Göttingen. Das Treiben der Studenten, die — um 1800 — noch sehr unmanierlich waren, stieß den ewig räsonierenden und philosophierenden Dichter ab. Er behauptet, daß eine ihrer ganz gewöhnlichen Vergnügungen darin bestanden habe, „eine Kerze auszurauchen". Eine Anzahl Studenten versammelt sich zu diesem Zweck in einem Zimmer, das durch eine einsame Kerze erhellt wird. Sie setzen dann ihre langen Pfeifen in Betrieb und fabrizieren einen derartigen Rauch, daß die Kerze ausgeht. Das ist unbedingt starker Tabak. In einer Atmosphäre, wo eine Kerze ausgeht, geht auch sicherlich den Rauchenden das Lebenslicht aus.

Somit ist es wohl gerechtfertigt, wenn ich die einzelnen Behauptungen Coleridges ein wenig in meinen Anmerkungen unter die kritische Lupe nehme. Aber gerade da wird sich zeigen, daß der Beobachter zwar naiv, nur höchst selten töricht war. Er beobachtet nicht, wie Aynard sagt[12], als impressionistischer Maler, sondern als Dichter aus der Zeit des — übrigens auch erwähnten — Hogarth. Jedenfalls ist die gegebene Skizze scharf und farbenfreudig genug, um als Ganzes zu interessieren. Bevor ich meine Übersetzung gebe, noch einige wenige Worte über den Platz des Erscheinens, der sonderbar öffentlich und versteckt ist. Öffentlich, weil in einem bekannten, heute noch aufgelegten Buche; versteckt, weil absolut nicht in den Zusammenhang passend und an einer Stelle, wo man nie dergleichen vermutet[13]. Das Buch, in dem die Reisebriefe erschienen, heißt "Biographia Literaria". Es sei erwähnt, daß sie teilweise in der von Coleridge herausgegebenen Zeitschrift "The Friend" im Jahre 1809[14] erschienen waren. Auch war in den, mir nicht zugänglichen, Publikationen "The Amulet" und "The Monthly Magazine" ein Abdruck von Reisebriefen[15] erfolgt, doch dürfte es sich lediglich um Teile handeln, die einen Ausflug in den Harz schildern, den ich nicht übersetzt habe, da ich mich lediglich auf die Hamburg und Klopstock angehenden Stellen beschränkte.

Die "Biographia Literaria" erschien im Jahre 1817. Ihr Untertitel lautete: "Biographical Sketches of my Literary Life and Opinions". Wie viel verspricht nicht dieser Titel! Und was hält das Buch?

Ich nehme die moderne Ausgabe in der nicht genug zu lobenden "Everyman"-Serie[16] mit der Vorrede von Arthur Symons zur Hand. Aus dieser Vorrede zitiere ich (englisch, damit man nicht glaubt, ich übersetze falsch): "The Biographia Literaria is the greatest book of criticism in the English language"[17]. Ja, man reibe sich verwundert die Augen. Da steht's gedruckt. Und das muß doch wahr sein. „Das größte kritische Buch in englischer Sprache." Ich habe zwar allerhand Achtung vor Arthur Symons, aber noch mehr Achtung vor der englischen Literatur, um diesen Ausspruch — selbst gemildert durch den Nachsatz, dem ich voll beistimme — "and one of the most annoying books in any language", zu unterschreiben. In der ungeheuren Strecke, die sich gewöhnlich zwischen den zwei Polen: Wahrheit und Waschzettel ausdehnt, liegt nach meiner Erfahrung die Vorrede des Herausgebers im allgemeinen im arithmetischen Mittelpunkt. Hier scheint aber ein mir nicht ganz verständlicher Enthusiasmus für das Buch einen bedenklichen Ruck nach rechts gegeben zu haben. Ich möchte davon absehen, weitere Urteile anzuführen, die soweit gehen, das Buch lediglich durch den Opiumgenuß des Autors zu entschuldigen[18]. Es genüge hier festzustellen, daß das Buch als wirklich unbestritten wertvollen Teil eine geistreiche Kritik der Dichtungsart von Wordsworth und als unbestritten wertlose Spreu eine unklare Übersetzung reichlich unklarer Kapitel von Schelling und Maaß (nicht oder nur andeutungsweise vom Autor als Entlehnungen bezeichnet) enthält. Das autobiographische Element, das man nach dem Titel in dem Buch erwarten darf, spielt eine nur ganz untergeordnete, wenn es überhaupt auftaucht, anekdotenhafte und unverbundene Rolle. Damit sei nicht gesagt, daß die mitunter wahrhaftig meisterhaft erzählten Anekdoten aus dem Leben des Autors literarisch betrachtet ein minderwertiger Bestandteil des Buches sind. Man vermißt leider nur das geistige Band. Man erhofft Aufschluß über den Zusammenhang der Dinge und bekommt Information über die Farbe des Papieres, in dem die verschiedenen Pakete eingeschlagen waren.

Also in diesem Wirrsal von tiefsinnigem Original und leichtfertig Abgeschriebenem, von Aufschluß über das Wesen der Poesie und Histörchen, wie ein Geistlicher für seine gedruckten Predigten, die er verkauft wähnte, Lagergeld bezahlen mußte, findet sich — gegen das Ende hin — ein Abschnitt, betitelt: "Satyrane's Letters". Der Name "Satyrane" ist — nebenbei bemerkt — aus dem sechsten Gesang des ersten Buches von Spensers "Faerie Queene" entlehnt, wo ihn das Produkt der unehelichen Gemeinschaft einer überaus tugendreichen Dame und eines recht sittenlosen Waldschratts führt: eine Art mythologischen und ebenso unwahrscheinlichen „Tarzans". Da mir der Grund dieses sonderlichen Nom de plume recht unklar geblieben ist, verweise ich auf Ed. A.

Turnbulls "Biographia Epistolaris"[19], der sagt: „Er (i. e. Coleridge) liebte es, sich hinter dem Namen dieser allegorischen Figur aus der "Faerie Queene" zu verbergen. In dieser Verkleidung sah er sich als den sprechenden Vertreter der Idee der Allgegenwart der Gottheit an."

Es sind im Ganzen drei recht umfangreiche Briefe. Der erste beschreibt im allgemeinen die Überfahrt bis zur Ankunft in Hamburg. Der größte Teil wird von einer sehr humoristischen Schilderung der Reisegesellschaft und Wiedergabe von Gesprächen beansprucht. Der Schluß des Briefes ist, mit Auslassung eines lediglich sentimentalen Ergusses, von mir übersetzt. Der zweite Brief ist überschrieben „Ratzeburg" und (scherzhafterweise in Deutsch) „Meine liebe Freundin". Er ist nicht datiert, aber angeblich nach einem sechswöchentlichen Aufenthalt in Deutschland, also Anfang Oktober 1798, geschrieben. Der größte Teil des Briefes ist übersetzt, jedoch ein Passus über einen Besuch im französischen Theater ausgelassen. Da Coleridge kein Französisch verstand, ist seine Kritik um so bemerkenswerter, doch habe ich ähnliche Fälle bei deutschen Journalisten gelegentlich der Gastspiele französischer Truppen in Deutschland erlebt. Der dritte Brief enthält hauptsächlich die Beschreibung der Besuche bei Klopstock und der Begegnung mit ihm bei seinem Bruder. Das Glück des zweiten Besuches und der Begegnung wurde allerdings nur Wordsworth zuteil.

Die Briefe sind übrigens insgesamt keine eigentlichen Briefe, sondern sie sind aus Tagebüchern (dem eigenen und dem von Wordsworth), Briefen und Bemerkungen aller drei, Coleridge, William Wordsworth und Dorothy Wordsworth, nachträglich zusammengestellt. Meine Anmerkungen geben hier über einige Einzelheiten, die interessieren dürften, Bescheid.

In der deutschen Literatur sind, soweit mir bekannt, die übersetzten Abschnitte wenig oder gar nicht beachtet[20] worden. Dafür, daß ich sie übersetzt habe, brauche ich mich, so hoffe ich wenigstens, nicht zu entschuldigen. Wird doch heutzutage mancherlei aus dem Englischen übersetzt, was hierauf nach Autor und Inhalt unbedingt geringeren Anspruch erheben darf. Eher bedarf der Entschuldigung die Ausführlichkeit meines Kommentares. Sein Zweck ist, zu zeigen, daß auch Berichte von Augenzeugen und Ohrenzeugen historisch mit Vorsicht zu bewerten sind und ferner ist die Absicht, die Schilderung von Coleridge in die bekannten, zeitgenössischen Darstellungen einzurangieren.

Die Übersetzung ist im Zusammenhang mit Briefen über den literarischen Nachlaß Klopstocks Gegenstand eines Vortrages von mir im Verein für Hamburgische Geschichte im Jahre 1925 gewesen[21].

Ich möchte die Einleitung nicht schließen, ohne den Direktoren des Hamburgischen Staatsarchives, der Hamburgischen Staatsbibliothek und des englischen Seminars meinen besten Dank auszusprechen. Besonderer Dank gebührt Herrn Bibliotheksinspektor Heitmann für die unermüdliche Hilfe mit Rat und Tat.

Anmerkungen zur Einleitung.

[1] Traill, S. 48.

[2] Brandl, S. 217.

[3] Brandl, S. 218.

[4] Brandes, Bd. 2, S. 300.

[5] Brandes, Bd. 2, S. 301.

[6] Übermäßig genau ist die Kenntnis, welche Brandes von dem so abfällig kritisierten Werke zeigt, keineswegs. Gleich eingangs sagt er bei der soi-disant-Analyse: „Drei Hochzeitsgäste vergessen ihre Einladung über der Erzählung des alten Matrosen", während in Wirklichkeit der alte Matrose nur deren Einen anhält ("He stoppeth one of three") und später ausdrücklich mitteilt, daß er wie durch eine Eingebung den Einen Mann erkannte, dem er sein Herz ausschütten mußte. Der Lapsus von Brandes wäre nicht so wichtig, wenn dieser nicht an die Behauptung, daß die Beredsamkeit des Seefahrers stark genug ist, drei Hochzeitsgäste aufzuhalten, seine übel angebrachte Witzelei anhängt. Welch' schöne und wertvolle Betrachtung knüpft dagegen Alois Brandl (S. 215) an die Tatsache der Aufhaltung des Hochzeitsgastes durch Beredsamkeit.

[7] Brandl, Einleitung S. VII.

[8] Freiligraths Werke. Herausgegeben von Paul Zaunert. Leipzig und Wien (o. J.), Bd. 2, S. 299/319.

[9] "The Essays of Elia" von Charles Lamb: "Christ's Hospital Five and Thirty Years Ago".

[10] Aynard, S. 200. Anm. Dort weitere Literaturhinweise. Vgl. auch Brandl, S. 247.

[11] "Letters", S. 277. Auch der dort erwähnte Preis für eine angerauchte Meerschaumpfeife, nämlich zwanzig Guineas, in heutigen Geldwert übersetzt etwa tausend Mark oder mehr, ist ungeheure Übertreibung.

[12] Aynard, S. 193. Aynard schrieb selber zur Zeit, wo der Impressionismus herrschte. Daher kommt ihm das Wort, das auf Coleridges Darstellung auch nicht den mindesten Sinn hat, in die Feder.

[13] Brandl, S. 363 sagt: „An dieser Stelle (also vor den "Satyrane's Letters") hätte Coleridge sein Buch abschließen sollen". Es bewahrheitet sich das niederdeutsche Sprichwort: Wat dem eenen sien Uhl usw.

[14] "The Friend", Nr. 14, 16 und 18, im Nov./Dez. 1809.

[15] Eine Zusammenstellung der verschiedenen Stellen, wo die Briefe über Deutschland erschienen sind, findet sich in der Einleitung des Kapitels über die Briefe aus Deutschland in den "Letters". Doch ist hierzu zur Ergänzung der betr. Abschnitt in der Biographie Coleridge's im D. o. N. B. heranzuziehen.

[16] Aufgenommen in die Serie 1906. Seitdem oft wieder aufgelegt.

[17] Einleitung, S. X.

[18] Bei Aynard.

[19] Bd. 1, S. 167.

[20] Dibelius scheint mir nur die verhältnismäßig unwichtigen "Letters" gekannt, resp. herangezogen zu haben. Muncker tut den Besuch mit einer kurzen Bemerkung über die Bedeutung der besuchenden Persönlichkeiten ab.

[21] Mitteilungen, Bd. XIV., S. 187.

Satyrane's Letters in der "Biographia Literaria" des Samuel Taylor Coleridge, soweit sie auf Hamburg und Klopstock Bezug haben

(Übersetzung).

Am Dienstag um 4 Uhr in der Frühe wurde ich durch die Rufe „Land! Land!" aufgeweckt. Es war ein häßlicher Inselfelsen, der in ziemlicher Entfernung zu unserer Linken lag, genannt Heiligeland[1]. Er ist vielen Reisenden, die von Yarmouth nach Hamburg fahren, wohl bekannt geworden, wenn sie nämlich bei stürmischem Wetter sich gezwungen sahen, Wochen und Wochen in trostloser Gefangenschaft auf ihm zuzubringen. Durch die halsabschneiderischen Forderungen der Schufte, die darauf wohnen, gingen sie dann ihrer gesamten Barschaft verlustig. So wenigstens erzählten mir die Seeleute.

Ungefähr um 9 Uhr sahen wir das Festland, das kaum im Stande schien, sich über Wasser zu halten, so niedrig, flach und trostlos ist es, mit Leuchttürmen und Baaken[2] bestellt, die der Einöde einen Charakter aufdrücken, ihr gewissermaßen eine Sprache verleihend. Wir liefen in die Elbmündung ein und fuhren bei Neu-werk[3] vorüber, doch war uns jetzt nur das rechte Ufer des Flusses sichtbar. Um 11 Uhr morgens kamen wir in Cuxhaven an. Das Schiff warf Anker und das Boot wurde abgelassen, um den Passagier aus Hannover[4] und einige andere ans Land zu setzen. Der Kapitän willigte ein, uns, die wir zurückblieben, um zehn Guineen nach Hamburg zu bringen. Der Däne bezahlte soviel, daß auf die anderen nur je eine halbe Guinee kam. So wurde der

Anker wieder aufgeholt und wir fuhren gemächlich stromaufwärts. Bei Cuxhaven können bei klarem Wetter beide Seiten des Flußufers gesehen werden. Allerdings konnten wir vorläufig nur das rechte Ufer erkennen. Wir kamen an einer ganzen Flotille von englischen Kauffarteischiffen vorüber, die mehrere Wochen auf einen günstigen Wind gewartet hatten. Bald kam auch das andere Ufer in Sicht. Beide Ufer sind flach und zeigen an ihren außerordentlich gepflegten Anlagen die Spuren menschlichen Fleißes. Auf dem linken Ufer gewahrte ich nur einige wenige Kirchtürme in der Entfernung. An dem rechten Ufer passierten wir Kirchturm und Windmühle und Landhaus und Windmühle und Einzelhaus und wiederum Windmühlen, dann ein sauberes Einzelhaus und einen Kirchturm. So war die genaue Reihenfolge der Dinge. Die Küsten waren frischgrün und recht geschmackvoll mit Bäumen bepflanzt. Fünfunddreißig Meilen hinter Cuxhaven überraschte uns die Nacht und, da die Schiffahrt auf der Elbe gefährlich ist, warfen wir Anker.

*

Um 5 Uhr morgens, am Mittwoch, wurde der Anker wieder gelichtet, doch bald mußten wir ihn wegen dichten Nebels von neuem werfen. Der Kapitän fürchtete, der Nebel würde den ganzen Tag anhalten, doch gegen 9 Uhr klärte es sich auf und wir segelten vor schwachem Winde langsam dahin, nahe der Küste an einer herrlichen Insel[5] vorbei, die vierzig Meilen von Cuxhaven liegt. Dieser Holm oder diese Insel ist ungefähr anderthalb Meilen lang, keilförmig gestaltet, gut bewachsen mit Wiesen von lieblichem Grün[6]. Ihre Reize werden noch durch saubere Bauernhäuser, die auf ihr stehen, gehoben. Sie scheint wie geschaffen, um sich auf sie zurückzuziehen ohne die Einsamkeit zu fühlen, ein Platz, der unsere lieben Freunde locken würde, während uns seine Abgelegenheit vor den üblichen Besuchern schützen würde. Die Küste der Elbe wurde nun schöner mit reichen Weiden und Bäumen, die wie eine niedrige Mauer am Rande des Flusses

Hopfenmarkt.

standen. Über sie hinaus lugten niedliche Häuser, besonders auf dem rechten Ufer, und Kirchtürme in Menge, weiße, schwarze und rote .....

Sechsundvierzig englische Meilen hinter Cuxhaven und sechzehn Meilen vor Hamburg schmückt die dänische Stadt Veder[7] das linke Ufer. Sie hat einen schwarzen Kirchturm. Nahe dabei liegt der ländlich einsame Flecken Schulau. Bis hierhin sind beide Ufer zur rechten und zur linken grün bis zum äußersten Rande und, da sie in einer Ebene mit dem Flusse liegen, erhält man den Eindruck eines Parkkanals[8]. Bäume und Häuser waren gleich niedrig. Mitunter ragten die niedrigen Bäume über die niedrigeren Häuser, mitunter erhoben sich die niedrigen Häuser über die noch niedrigeren Bäume. Doch bei Schulau hebt sich das linke Ufer des Flusses jähe vierzig oder fünfzig Fuß und schaut mit einer abschüssigen Sandfassade, auf der nur spärliche Flecken Grün sich zeigen, auf das Wasser hinaus. Jetzt wurde die Elbe mehr und mehr durch Fischerboote belebt und die Menge von Seemöwen, die sich um sie herumtummelten, jene lauten Rivalen und Begleiter der Fischerleute. So kamen wir nach Blankenese, einem höchst interessanten Dorf, das verstreut zwischen verstreuten Bäumen liegt und sich über Hügel in drei Abteilungen gliedert. Jeder der drei Hügel starrt auf den Fluß mit seinem Antlitz aus nacktem Sande hinaus. Mit diesem stehen die Boote (reihenweise am Ufer mit ihren kahlen Masten) in einer Art fantastischer Harmonie. Zwischen je zwei Hügelfronten liegt ein grün bewaldetes Tal, das Folgende immer tiefer geschnitten als das Vorhergehende. Kurz, es ist ein großes Dorf, das sich aus einzelnen Häuslein zusammensetzt, wo jedes Haus in seinem eigenen kleinen Walde oder Obstgarten liegt und jedes Haus hat seinen eigenen Pfad. So ist es ein Dorf mit einem labyrinthischen Gewirre von Pfaden oder richtiger eine Sammlung von Häusern. Es wird von Fischerleuten und Bootsbauern bewohnt. Die Boote von Blankenese sind am ganzen Strand der Elbe sehr beliebt.

Hier sahen wir zum ersten Mal die Kirchtürme von Hamburg und von hier bis Altona ist das linke Ufer der Elbe gar lieblich, besonders wenn man in Betracht zieht, daß jene fleißige Republik mit ihrer Industrie in der Nähe liegt. Der Stil der Schönheit oder besser Niedlichkeit ist jener, der den Bürger auf das Land lockt und dort dem Geschmacke Rechnung trägt, den er sich in der Stadt erworben hat. Lauben und Tempelchen in chinesischem Stil liegen überall zerstreut auf den ragenden grünen Ufern. Die Balken der Dorfhäuser sind ohne Steinverputz und lustig in grün und gelben Anstrichen. Kaum gibt es einen Baum, der nicht regelmäßig beschnitten ist[9], um so den Menschen an seine eigene Kraft und Intelligenz zu mahnen, die an Stelle der Weisheit der Natur getreten ist. Dies sind Bindeglieder zwischen Stadt und Land. Und besser sind sie, als Neigungen und Geschmack vorzutäuschen, aus denen den Menschen seine Gewohnheiten entwachsen ließen. Man muß dies am Sonnabend oder Sonntag sehen, wenn die Gegend mit Bürgern aus Hamburg angefüllt ist, die ihre Pfeife rauchen und sich mit Frau und Kindern gütlich tun in den Nischen aus Buxbaum und Eibenbaum. Dann erhält alles ein eigenartiges und natürliches Gepräge. Am Mittwoch um 4 Uhr verließen wir das Schiff und fuhren unter Schwierigkeiten durch die gewaltige Menge von Fahrzeugen, welche die Elbe aufwärts von Altona beinahe verstopft, und landeten endlich am Baumhaus in Hamburg.

*

Während ich auf der Landungstreppe stand, unterhielt ich mich durch den Anblick des Inhaltes des Passagierbootes, das ein- bis zweimal täglich über den Fluß von Hamburg nach Haarburg fährt[10]. Es war mit allen möglichen Leuten verschiedener Nationen in allen erdenkbaren Trachten vollgestopft. Sämtliche Männer hatten die Pfeifen im Munde, und zwar Pfeifen in allen erdenklichen Formen, gerade und krumme, einfache und komplizierte, lange und kurze, aus Rohr, aus Ton, aus Porzellan, aus Holz, aus Zinn, aus

Silber und aus Elfenbein. Meistens hatten sie auch silberne Ketten und silberne Pfeifendeckel. Pfeifen und Stiefel sind die hauptcharakteristischen Zeichen der männlichen Bevölkerung von Hamburg, die dem Auge des eben angekommenen Fremden auffallen[11].

Aus leicht erklärlichen Gründen wunderte ich mich bald über alle Dinge, manchmal weil sie so sehr und manchmal weil sie so wenig denen in meiner englischen Heimat glichen. Da waren holländische Frauen mit großen Regenschirm-Hüten, die wohl einen halben Meter über ihren Kopf hervorragten. Solche Frauen zogen eine verschwenderische Fülle von Unterröcken hinter sich her. Da waren die Frauen aus Hamburg mit gefalteten Kappen, die oben mit Silber oder Gold verziert waren, mitunter auch mit beiden Metallen. Sie hatten einen Rand gestärkter Spitzen, der vor ihren Augen stand, doch nicht soweit herunter ging, als daß man diese nicht hätte funkeln sehen können. Da waren die Frauen aus Hannover, die den Vorderkopf unbedeckt trugen; dafür hatten sie auf ihrer Kappe eine gestärkte Spitze, welche wie eine Mauer aufrecht stand, während vom Hinterteil der Kappe eine enorme Menge Band auf den Rücken fiel und dort hin und her flatterte[12].

„Ihr Antlitz schien gleich einem guten Banner
Dem Feinde jeder Art entgegen trotzend"[13].

Die eigentlichen Damen waren alle nach englischer Sitte gekleidet. Alle waren geschminkt[14] und hatten schlechte Zähne[15]. Man bemerkt sofort den Gegensatz zwischen ihnen und den lautsprechenden Landfrauen und den Dienstmädchen mit ihren perlmutterweißen, regelmäßigen beinahe tierischen Zähnen. Sie glänzen fast zu sehr. Die Dienstmädchen[16] trippeln in ihren sauberen weißen Strümpfen und mit Pantoffeln ohne Absatz durch die schmutzigen Straßen, als wenn sie durch Zauber gegen den Schmutz gefeiht wären. Sie bewegen sich leicht in den Pantoffeln, was mich überraschte, mich, für den es eine besondere Unannehmlichkeit bedeutet, in einem Gasthaus zu schlafen, wo ich in einem derartigen Paar Pantoffeln die Treppen hinauf zu klettern habe[17]. Die Straßen sind eng. Für meine englische Nase machten sie sich unangenehm bemerkbar[18], und das erklärt beim ersten Anblick, warum allgemein Stiefel getragen werden. Sie haben keinen besonderen Bürgersteig für die Fußgänger[19]. Die Giebelenden der Häuser liegen nach der Straße zu. Manche tragen die gewöhnliche dreieckige Form, „voll ausgebildet" — würden die Botaniker sagen. Die Mehrzahl von ihnen ist jedoch verzwickt und verschnörkelt, grotesker noch als im chinesischen Geschmack[20]. Besonders war ich über die Menge der Fenster erstaunt[21]; sie sind so groß und ihrer sind so viele, daß die Häuser ganz wie aus Glas aussehen. Nur die Fenstersteuer des Herrn Pitt[22] wäre vielleicht im Stande, das Aussehen der Häuser Hamburgs zu verbessern. Sie machen den Eindruck, als wären sie nur für den Sommer gebaut, ihre Konstruktion steht nicht im Einklang mit ihrer Größe. Sie passen auch nicht zu dem Klima und verleihen auch nicht das Gefühl der sicheren Zurückgezogenheit und Behaglichkeit, welches man von einem Hause in einer lärmenden Großstadt verlangt. Nur eine gewaltige Feuersbrunst, fürchte ich, würde im Stande sein, architektonisch schöne Bauten in Hamburg zu veranlassen. Denn gewiß und wahrhaftig: es ist eine dreckige Stadt.

Ich ging weiter und passierte eine Anzahl häßlicher Brücken[23] mit gewaltigen schwarzen Wasserrädern[24] von scheußlicher Form in ihrer Nähe. Wasseradern[25] durchziehen die Stadt allenthalben, und dem Geiste Italiens wäre es vielleicht gelungen, etwas Herrliches und Großartiges in Bezug auf Architektur zu schaffen. Hamburg wäre vielleicht der Nebenbuhler von Venedig geworden und jetzt ist es zusammengeworfenes Zeug von Häßlichkeit, Gestank und Pfützenwasser. Der Jungfernstieg[26], (das ist der Weg der jungen Damen), wohin mich meine Einführungsbriefe wiesen, macht eine Ausnahme. Es ist ein Weg oder eigentlich eine Promenade mit einer dreifachen Reihe von Ulmen[27] bestanden. Sie werden jährlich soweit beschnitten, daß sie klein und zwerghaft bleiben. Diese Promenade nimmt eine Seite einer viereckigen Wasserfläche ein. Auf dieser schwimmen viele Schwäne[28], die ganz zahm sind; zwischen den Schwänen bewegen sich auffallende Vergnügungsboote mit Damen darin, gerudert von ihren Ehemännern oder ihren Liebsten[29].

*

Ich ging weiter, passierte Straße auf Straße, tummelte mich glücklich wie ein Kind und zweifellos mit dem Ausdruck von Wunder in meinen geschäftigen Augen. Mich amüsierten die Wagen mit Seiten aus Korbgeflecht[30] und beweglichen Bänken, die hintereinander quer gestellt waren. Dieses waren die Mietskutschen. Auch amüsierten mich die Aushängeschilder der Läden, auf denen alle Artikel, die in den Läden verkauft werden, aufgemalt sind, zwar ganz naturgetreu, doch in groteskem Durcheinander[31]. Ein nützlicher Ersatz für Schrift auf diesem großen Markte der Nationen! Es amüsierte mich das unaufhörliche Geklimper der Glocken über Laden und Haustür[32]. Eine Schelle hängt über jeder Tür und ein kleiner Eisenhammer schlägt daran, so oft jemand hinein- oder herausgeht. Schließlich amüsierte ich mich damit, in die Fenster zu gucken, an denen ich vorüber ging. Die Damen und die Herren tranken Kaffee oder spielten Karten, wobei die Herren alle rauchten. Ich wünschte ein Maler zu sein, dann hätte ich dir eine Skizze von einer der Kartenpartien geschickt. Die lange Pfeife eines der Mitglieder lag auf dem Tisch, wobei sich der Pfeifenkopf einen halben Meter von seinem Munde befand. Er stieß Wolken aus wie ein Schlot[33]. Der andere Mann, der gerade Karten geben mußte und somit beide Hände voll hatte, hielt seine Pfeife zwischen den Zähnen. Sie hing unter den Knieen, so daß der Rauch von seinen Füßen heraufkam. Sogar der große Hogarth hat nie eine mehr Lachen erregende Verrenkung von Haltung und Gesichtsausdruck gezeichnet, als hier zustande kam.

*

Unser Hotel hieß „Die wilde Man“[34], und sein Aushängeschild war kein übles Bild des Wirtes, der auf einem grimmigen Gesichte ein ruheloses Grinsen zur Schau trug, womit er jedermann diente und es wie ein richtiger Schauspieler sogar probierte, wenn er allein war. Er ließ es über sein Gesicht huschen, in der Erwartung, daß sich eine Gelegenheit dafür bieten würde. Weder unser Hotel noch sein Wirt gehörten den feinsten Klassen an[35]. Das Hotel hat jedoch den großen Vorteil für einen Fremden, ganz nahe bei der gewaltigen Kirche von St. Nicolai am Markte zu liegen. Die Kirche ist mit Läden und Häusern rings umbaut, die wie Pilze und Warzen darum sitzen, aus deren Mitte sich der gewaltige Kirchturm in die Höhe reckt. Er trägt nahe der Spitze eine Art Halsband aus großen, goldenen Bällen. Einen besseren Leitstern kann man sich nicht wünschen. Lange werde ich noch an das fürchterliche Echo denken, das laut und lang nachzitternd von der tieftönigen Kirchenglocke hernieder dröhnte, als sie mich um zwei Uhr morgens aus einem unruhigen Schlaf weckte[36]. Der Schlaf war unruhig, wie ich glaubte, infolge der Federbetten, die man hier an Stelle der oberen Bettlaken gebraucht. Ich will lieber mein Bettlaken wie ein wilder Indianer mit mir herumtragen, als mich in diese schreckliche Gewohnheit fügen[37].

*

20. September. Ich wurde Herrn Klopstock[38] vorgestellt, dem Bruder des Dichters, der seinerseits mich bei Professor Ebeling einführte, einem intelligenten und lebhaften, leider aber sehr schwerhörigen Herrn[39]. Er war so gehörleidend, daß es eine wirkliche Anstrengung bedeutete, mit ihm zu sprechen, da wir nämlich gezwungen waren, unsere kostbaren Bemerkungen in ein gewaltiges Höhrrohr zu tuten.

*

Von Professor Ebelings Haus gingen wir mit Herrn Klopstock zu dessen eigenem, wo ich eine schöne Büste seines Bruders sah. Aus seinem Antlitz sprach ernste und schwere Größe, und das war es auch, was ich von seinen Schriften und seinem Genius erwartet hätte. Ich sah dort auch ein sehr feines Gemälde von Lessing, dessen Werke im Augenblick diejenigen sind, welche ich am meisten bewundere[40].

*

Wir brachten mehr als zwei Stunden über unserm schlechten Mittagessen an der table d'hôte zu. „Geduld am deutschen Mittagstische, sogar zuweilen lächelnd"[41]. Die Deutschen führen in Europa die schlechteste Küche[42]. Auf je zwei Leute gibt man eine Flasche Tischwein. Es wird abwechselnd Rotwein und Rheinwein hingestellt. In den Häusern der Reichen jedoch servieren die Bedienten während der zahlreichen und langen Pausen zwischen den Gängen Gläser feinerer Weine. Im Hause Lord Culpins kamen sie in dieser Reihenfolge: Burgunder — Madeira — Port — Frontiniac — Pachiaretti — alter Rheinwein — Mountain — Champagner — noch einmal Rheinwein — Bischof und schließlich Punsch! Mich däucht, eine ganz gehörige Menge. Das letzte Gericht unserer table d'hôte, nämlich Schweinbraten in Scheiben geschnitten (alle die größeren Braten werden hereingebracht, zerlegt, serviert und dann auf den Tisch gestellt), mit Backpflaumen und anderem Kompotte, hierauf Butter und Käse und Schüsseln von Äpfeln erinnerte mich an Shakespeare* und Shakespeare brachte mich darauf, in das französische Theater zu gehen.

*

Von Empfelde, einem Dorf auf halbem Wege nach Ratzeburg, marschierte ich zu Fuß nach Hamburg auf tiefen Sand-

* Slender: Ich verletzte mich neulich beim Fechten mit Schwert und Dolch für ein Gericht Backpflaumen am Unterschenkel und, meiner Treu, seit der Zeit kann ich den Geruch von Braten nicht mehr ertragen. — Ferner Evans: Ich will mit essen aufhören: Äpfel und Käse sollen noch kommen. (Ungenau zitiert nach: „Lustige Weiber von Windsor", Akt 1, Scene 1 resp. 2).

wegen durch eine traurige Ebene. Der Boden ist überall weiß, hungrig und außerordentlich sandig. Doch der Anmarsch an die Stadt ist lieblich. Leichte, kühle Sommerhäuser, die einen Durchblick auf die dahinter liegenden Gärten gewähren, mit Lauben und Spalieren, dicken Hecken, Baumgruppen und Veranden. Jedes Haus hatte einen netten Zaun und grüne Sitze hinter diesem. Jeder Gegenstand, sei er eine Schöpfung der Natur oder von Menschenhand, war sauber und kunstgerecht. Es gefiel mir viel besser, als wenn Häuser, Gärten und Anlagen in vornehmerem Geschmack gewesen wären. Denn der vornehmere Geschmack würde Nachäfferei bedeutet haben. Der geschäftige, sorgende, geldliebende Hamburger Kaufmann könnte die Natur in ihrer Einfachheit nur hingenommen, nicht sich ihrer erfreut haben. Das Gemüt fängt seine Liebe zur Natur damit an, menschliche Annehmlichkeiten in der Natur nachzuahmen. Dies ist eine Stufe des Intellekts, wenn auch eine niedrige —, wäre es auch nicht so, alles um mich verkündete harmlose Freude und empfindsames Behagen. Ich machte mit unbedenklicher Sympathie mir Freude und Behagen sogar des geschäftigen, sorgenden, geldliebenden Hamburger Kaufmannes zu eigen. In dieser menschenfreundlichen und vorurteilslosen Stimmung erreichte ich die sehr starken Wälle der Stadt. Es sind gewaltige grüne Kissen, sich übereinander erhebend. Bäume wachsen dazwischen, Unterpfänder und Symbole eines langen Friedens. Von meiner Rückkehr habe ich nichts Bemerkenswertes zu berichten, außer daß ich per Extrapost reiste, was aber nur der gewöhnlichen Post in England entspricht. Die norddeutschen Postkutschen sind offene Korbwagen. Ein englischer Müllwagen ist ein Schmuckstück, ein Meisterwerk der Wagenbaukunst, verglichen mit ihnen! Und die Pferde! Ein Wilder könnte sich ihrer Rippen anstelle seiner Finger beim Zählen bedienen. Wenn wir hielten, gab der Postillion ihnen von dem braunen Roggenbrot, das er selber aß, zum gemeinsamen Frühstück. Nur tranken die Pferde das Wasser ohne Schnaps und der Postillion den Schnaps ohne Wasser. Nun aber weiter zu Dingen, die Dich mehr interessieren und um welche zu suchen ich Dich verlassen habe, nämlich zur deutschen Literatur und ihren Vertretern.

Glaube mir, ich schritt mit tiefer Ehrfurcht im Geiste als W.[43] und ich selbst, begleitet von Herrn Klopstock zum Hause seines Bruders, des Dichters, gingen, das ungefähr eine Viertelmeile vom Stadttor entfernt liegt[44]. Es gehört zu einer Reihe kleiner, alltäglich aussehender Sommerhäuser — den Eindruck machten sie — mit vier und fünf Reihen junger, dünner Elmenbäume[45] vor den Fenstern. Darüber hinaus erstreckt sich eine Wiese und dann kommt eine öde Ebene, in der sich verschiedene Straßen kreuzen. Was für Schönheit, dachte ich, jetzt auch vor des Dichters Augen schwebt, die muß er aus seinem Inneren schöpfen. Wir warteten einige Minuten in einem sauberen kleinen Wohnzimmer, das mit den Figuren von zwei der Musen und mit Stichen geschmückt war, die Abbildungen aus Klopstocks Oden darstellten[46]. Der Dichter trat ein. Ich war von seiner Erscheinung enttäuscht und konnte keinerlei Ähnlichkeit mit der Büste[47] entdecken. Auf seiner Stirn lag keine Größe, keine Bedeutung über den Augenbrauen, auch seine Augen boten nichts Sonderliches und machten nicht den Eindruck hervorragender geistiger Kräfte oder moralischer Bedeutung[48]. Das Gesamtbild war nicht das von Festigkeit. Von Figur ist er eher unter dem Mittelmaß. Er trug gewaltige Halbstiefel, die seine Beine vollkommen ausfüllten, so entsetzlich waren sie angeschwollen[49]. Obgleich aber weder W. noch ich selber irgend ein Anzeichen geistiger Erhabenheit oder von Schwärmerei in seinem Ausdruck finden konnten, so machte doch seine Lebhaftigkeit und seine herzlich entgegenkommende Höflichkeit großen Eindruck auf uns beide[50]. Mit meinem Freunde sprach er französisch und mit mir, wenn auch schwierig, einige Sätze auf englisch. Seine Aussprache war nicht im geringsten dadurch gehindert, daß ihm alle Oberzähne fehlten. Er begann die

126 KL KN

Kleimann. Joh. Andr. Cassamacherreihe, Juwelen-einfasser, no. 77. P. 10.

Kleinschmidt, Ernst Hinr. Niedernstr. Fleckausmacher, no. 37. J. 3.

Kleinwort & Möller, Catharinstr. Kaufl. in B. C. Hinr. Kleinwort & Möller, no. 130. N. 1.

Klein, Peter Hinr. im Opernhof, no. 332.

Kleis, Matthias, Berg, Wundarzt, no. 77. P. 5.

Klemeke, Gottfr. Andr. Venusberg, Makler, no. 13. N. 2.

Klemeke, Joh. Peter, Specksgang, Zuckerfab. no. 253. M. 10.

Kliebers Wbe., I. H. Mattentwiet, Schumachermeist. no. 25. N. 3.

Klies, Altst. Neuenweg, Formenschneider, no. 10. J. 2.

Klinck & Comp. alten Wandrahm, Kaufl. in B. C. Herm. Hinr. Klinck, no. 100. J. 9.

Klinck & Sohn, Joh. Conrad, alten Wandrahm, Kaufl. no 100. J. 9.

Klopstock, Vict. Ludw. Neuenburg, no. 44. N. 4.

Klopstock, Königsstr. Legationsrath und Verfasser der Messiade, no. 232. M. 11.

Klœpner, Joh. Christn. Beckergang in Schaaren Hof, Küper, no. 110. M. 11.

Klotz, I. A. Kohlhöfen, Tischlermeister, no. 120. J. 11.

Klotz, Joach. Detlef, Neust. Neustr. Tischlermeist. no. 46. M. 8.

Klotz, Joach. Detl. Brock, Leinen.

Kludt Wbe., I. F. Mühren, Distill. no. 90. N. 2.

Klug, Joh. Niedernstr. Apotheker, no. 105. J. 8.

Knaack Wbe., Joach. 2te Marienstr. Zuckers. no. 164. M. 8.

Knaack, Johann Georg, Baumwall, Blockmacher, no. 41. N. 8.

Knauer, Georg Andr. Hürter, Wein, no. 109 C. 1.

Knauth & Tiemann, Mühlenbr. Kaufl. no. 63. N. 6.

Knauth,

Aus dem Adreßbuch für 1794.

Unterhaltung damit, daß er seiner herzlichen Freude darüber Ausdruck gab, daß ein Teil französischer Truppen sich unter General Humbert übergeben hatte[51]. Ihr Vorgehen in Irland in bezug auf das Komitee, welches sie dort eingesetzt hatten und die ganze von ihnen aufgebaute Organisation schien dem Dichter größtes Vergnügen zu bereiten. Er erklärte dann seinen unverzagten Glauben an den Sieg von Nelson[52] und nahm die Bestätigung mit triumphierender Freude schon im voraus dahin. Seine Worte, sein Ausdruck, sein Blick, alles ließ die lebhaftesten antifranzösischen Gefühle erkennen. Das Gespräch wandte sich nun der Literatur zu und ich stellte auf lateinisch Fragen in bezug auf die Geschichte der deutschen Dichtkunst und die älteren deutschen Dichter. Zu meinem großen Erstaunen gestand er, daß er hierüber nur sehr wenig wüßte. Er habe in der Tat gelegentlich ein oder zwei der älteren Dichter gelesen, aber diese Lektüre befähige ihn nicht, sich über ihre Verdienste auszulassen. Professor Ebeling, sagte er, würde mir wahrscheinlich in jeder Beziehung Auskunft geben können, während ihn der Gegenstand persönlich niemals besonders gereitzt hätte. Er sprach dann von Milton und Glover[53]. Nach seiner Meinung war Glovers Blankvers dem von Milton überlegen. W. und ich drückten unser Erstaunen aus. Mein Freund trug seine Definition und seine Vorstellung von einem harmonischen Verse vor. Nach seiner Meinung bestand er (besonders der englische Blankvers in Jamben) in dem geschickten Aufbau von Pausen und rhythmischen Betonungen, während ganze Abschnitte schön dahinrollen.

„Wenn in künstlich schönem Bogen
süße Worte rollen, einend hingezogen."

Darin sollte die Schönheit bestehen und nicht im gleichmäßigen Dahinfließen, noch viel weniger darin, daß einzelne Zeilen in kraftvollem Gegensatz sich herausheben. Namentlich das letztere sah er als schädlich für den Gesamteindruck an, es sei denn, daß derartige Zeilen ihren ganz speziellen Zweck hätten. Klopstock stimmte bei und sagte, seine Meinung ginge dahin, Glover wäre in Einzelzeilen überlegen. Er erzählte uns, daß er Milton gelesen hatte und zwar in einer Prosaübersetzung[54], als er vierzehn Jahre alt war.**

So verstand ich ihn und W. übersetzte mir nachher Klopstocks Französisch, wie ich es übrigens schon selber herausgebracht hatte. Er schien sehr wenig von Milton zu wissen, oder überhaupt von unsern Dichtern im allgemeinen. Er sprach mit großer Entrüstung von der englischen Prosaübersetzung seines „Messias"[55]. Alle Übersetzungen seien schlecht gewesen, sehr schlecht, aber die englische wäre überhaupt keine Übersetzung. In ihr seien Seiten und Seiten, die nicht in der Urschrift ständen und das halbe Original wäre wiederum nicht in der Übersetzung. Mein Freund W. erzählte ihm, daß ich vorhätte, einige seiner Oden als Beispiel deutscher Lyrik in das Englische zu übersetzen. Darauf sagte er zu mir auf englisch: „Ich wünschte, Sie würden einige ausgewählte Stellen des ‚Messias' ins Englische übersetzen, das würde mir eine Genugtuung Ihrem Landsmann gegenüber sein". Dies war das Lebhafteste, was er in der ganzen Unterhaltung vorbrachte. Er sagte uns, daß seine erste Ode fünfzig Jahre älter war als seine letzte. Ich blickte auf ihn in großer Ergriffenheit; ich sah in ihm den ehrwürdigen Vater deutscher Dichtkunst, den guten Mann, den Christen, vierundsiebenzig Jahre alt, mit seinen fürchterlich geschwollenen Beinen, jedoch tätig, lebhaft, fröhlich, gütig und mitteilsam. Ich fühlte, daß mir die Tränen in die Augen stiegen. Auf dem Bilde von Lessing sah man diesen mit einer Perücke mit Haarbeutel. Dies

** Dies wurde mir zufällig von einem alten deutschen Herrn in Helmstadt bestätigt, der mit Klopstock in der Schule zusammen gewesen und in einem Bett zusammen geschlafen hatte. Außer anderen Jungenserlebnissen erzählte er mir, daß der junge Dichter besonderen Wert auf eine Übersetzung des „Verlorenen Paradieses" gelegt hätte und daß sie immer unter seinem Kopfkissen bei Nacht gelegen habe.

beeinträchtigte den Eindruck sehr. Klopstock trug sich ebenso mit Puder und Locken. Der Autor des „Messias" sollte sein eigenes graues Haar getragen haben. Puder und Perücke verletzten das Auge, wie „Herr" Virgil das Ohr verletzt haben würde.

Klopstock ließ sich nun über die Kraft der deutschen Sprache aus, die sie in hohem Maße besäße, Ideen trefflich zu konzentrieren[56]. Er sagte, er habe oft Teile von Homer und Virgil Zeile für Zeile übersetzt. Eine deutsche Zeile hätte immer genügt, um eine griechische oder lateinische wiederzugeben. Im englischen könne man dies nicht tun.

*

Wir verabschiedeten uns nun. . .

*

Bevor ich aufhöre, von Hamburg zu schreiben, möchte ich einfügen, daß ich ein paar Tage länger blieb, um beim Feste des Heiligen Michaelis, des Schutzpatrons von Hamburg[57], dabei sein zu können. Ich erwartete die Bürger in ihrem Staate als Mitglieder der Handelsrepublik zu sehen, wurde jedoch enttäuscht. Es gab keine Prozessionen, nur ein paar Predigten vor ein paar alten Frauen wurden in ein paar Kirchen gehalten, während der Heilige Michael und seine Schutzherrschaft von den besser gestellten Ständen wohl verwünscht wurde dafür, daß Vergnügungsorte, Theater usw. an diesem Tage geschlossen blieben. In Hamburg scheint es überhaupt keine Religion zu geben[58].

*

Ich will diesen Brief mit der einfachen Abschrift von Aufzeichnungen beschließen, welche mein Freund W. während seinen Unterhaltungen mit Klopstock machte[59]. Die Besuche fanden nach meiner Abreise statt.

*

Klopstock hatte den Wunsch ausgesprochen, das Buch "Calvary" von Cumberland[60] zu sehen und mich gefragt, was man davon in England hielte. Ich ging deshalb zu dem englischen Buchhändler Remnant, wo ich die "Analytical Review" besorgte, welche eine Besprechung von Cumberlands "Calvary" enthielt. Ich erinnerte mich daran, dort einige Beispiele einer Blankversübersetzung des „Messias" gesehen zu haben. Die Tatsache hatte ich Klopstock gegenüber erwähnt, und er hatte den lebhaften Wunsch ausgesprochen, sie zu sehen. Ich machte mir den Spaziergang zu seinem Hause und brachte ihm das Buch. Als wir von seinem eigenen Gedichte sprachen, erzählte er mir, daß er den „Messias" angefangen hatte, als er siebenzehn Jahre alt gewesen war. Drei ganze Jahre brachte er mit dem Plane zu, ohne eine einzige Zeile zu schreiben. Er war in großer Verlegenheit, wie er sein Werk ausführen sollte. Es gab damals in der deutschen Sprache kein erfolgreiches größeres Gedicht. So schrieb er die drei ersten Gesänge in einer gemessenen, versähnlich skandierten Prosa. Das machte ihm viel Arbeit und war auch nicht ganz schlecht, doch genügte es ihm keineswegs. Er hatte als Schulübung lateinische und griechische Hexameter hergestellt. Es hatte auch im Deutschen nicht an Versuchen gefehlt, in dieser Art poetisch zu schreiben, doch waren derartige Versuche ziemlich kläglich ausgefallen. — Eines Tages erwachte in ihm die Idee, was wohl hier für Möglichkeiten vorlägen. Er hielt sich den ganzen Tag in seinem Zimmer auf, aß nicht einmal sein Mittagbrot und fand, daß am Abend dreiundzwanzig Hexameter vollendet waren. Er hatte einen Teil dessen, was vorher in Prosa geschrieben war, umgearbeitet. Da ihn das Resultat befriedigte, nahm er seitdem von der Prosa Abstand. Heute sagte er mir, daß er seinen Plan beendigt hatte, bevor er Milton gelesen hätte. Er war entzückt, einen Dichter zu finden, der vor ihm dieselben Pfade gewandelt war. Dies war im Widerspruch zu dem, was er uns vorher erzählt hatte. Es war seine Absicht gewesen, von seinem Gedichte nicht zu sprechen, bis es vollendet war. Einige seiner Freunde jedoch, die gesehen hatten, was soweit fertig geworden war, quälten ihn so, daß er schließlich erlaubte, einige Gesänge in einer Zeitschrift zu veröffentlichen. Er war damals, glaube ich, noch sehr jung, erst fünfundzwanzig Jahre alt. Der Rest wurde zu verschiedenen Zeiten gedruckt, jedesmal vier Gesänge. Die ersten Gesänge hatten eine außerordentlich günstige Aufnahme gefunden. Es dauerte nahezu dreißig Jahre, bis das ganze Gedicht beendet vorlag. Aber von diesen dreißig Jahren hat er eigentlich nur zwei Jahre mit dem Gedichte zugebracht. Er dichtete nur in günstigen Augenblicken, außerdem hat er andere Beschäftigung gehabt. Er selbst schien von der kunstgerechten Anlage seiner Oden sehr viel zu halten und beschuldigte die modernen lyrischen Dichter, in dieser Beziehung rein gar nichts zu leisten. Ich griff aus gleichem Grund Horaz an. Er wollte nichts davon hören und brach die Diskussion ab. Er nannte Rousseaus „Ode an das Glück"[61] eine moralische Abhandlung in Stanzen. Ich erwähnte Drydens „Heilige Cäcilie"[62], er schien jedoch mit unseren Autoren nicht vertraut. Er sprach den Wunsch aus, die Unterschiede zwischen unserem dramatischen und epischen Blankvers kennenzulernen. Er empfahl mir, seinen „Hermann" zu lesen, bevor ich entweder den „Messias" oder die Oden lese. Er gab sich der Hoffnung hin, daß zu irgendeiner Zeit seine dramatischen Gedichte in England Verbreitung finden würden. Er hatte nichts von Cowper[63] gehört. Er war der Meinung, daß Voß bei seiner Übersetzung der Ilias dem deutschen Sprachgeist Gewalt angetan und ihn dem griechischen geopfert hätte, weil er nicht ständig der Tatsache eingedenk blieb, daß jede Sprache den ihr eigenartigen Geist und Genius hat. Er hielt Lessing für den ersten ihrer dramatischen Autoren. Ich klagte, daß „Nathan" langweilig sei. Er gab zu, es gäbe darin nicht genug Handlung, aber trotzdem wäre Lessing der keuscheste ihrer Autoren. Er sprach günstig von Goethe. Nach seiner Meinung wäre „Werthers Leiden" das beste seiner Bücher, besser als irgendeines seiner Dramen. Von den Dramen Goethes gab er den Jugenddramen den Vorzug. Schillers

„Räuber" fand er so überschwenglich, daß er sie nicht lesen konnte. Ich sprach von der Szene, wo die Sonne untergeht. Er kannte sie nicht. Er sagte, Schiller würde nicht von Dauer sein. Er hielt den „Don Carlos" für das beste seiner Dramen, doch meinte er, daß die Handlung zu verworren wäre. Ganz augensichtlich wußte er wenig von Schillers Werken, gab ja auch in der Tat zu, daß er sie nicht lesen konnte. Bürger, sagte er, wäre ein wahrer Dichter. Der würde dauern, aber Schiller müsse bald vergessen sein. Er hätte sich ganz der Nachahmung Shakespeares hingegeben, und Shakespeare wäre schon überschwenglich genug, aber Schiller wäre es zehntausendmal mehr. Er sprach mit großer Nichtachtung von Kotzebue, den er in erster Linie für einen unmoralischen und in zweiter für einen kraftlosen Autor hielt. In Wien, sagte er, wären sie von ihm begeistert, aber wir halten die Bewohner von Wien weder für die klügsten noch die geistreichsten Leute in Deutschland. Er nannte Wieland einen reizenden Schriftsteller und vollendeten Meister der deutschen Sprache. In dieser Beziehung käme weder Goethe noch irgendein anderer ihm gleich. Er sagte, sein einziger Fehler bestände darin, zuviel und zu leicht zu schreiben. Ich erzählte ihm, daß der „Oberon" gerade ins Englische übersetzt worden wäre[64]. Er fragte, ob ich nicht von dem Gedicht entzückt wäre. Ich antwortete, daß nach meiner Meinung das Gedicht ungefähr beim siebenten oder achten Gesange anfängt, schleppend zu werden. Ferner warf ich ein, daß es eines Genies unwürdig sei, ein langes Gedicht lediglich um den Mittelpunkt der Begierden des Fleisches herumzuschreiben. Er schien erst geneigt, dies zu entschuldigen, indem er vorbrachte, daß es doch vielerlei Vorwürfe für die Dichtkunst gäbe und daß die Dichter keine Lust hätten, sich in ihrer Wahl beschränken zu lassen. Ich antwortete, daß die Leidenschaft der Liebe nach meiner Meinung sich als Vorwurf für die Dichtkunst ebenso eigene, wie jede andere Leidenschaft, daß es aber ein billiger Weg zum Gefallen des Lesers sei, um seine Aufmerksamkeit durch ein langes Gedicht zu fesseln, wenn man ihn lediglich auf die fleischlichen Gelüste hinwies. „Ganz wohl", sagte er, „aber sehen Sie, solche Gedichte gefallen einem jeden!" Ich antwortete, daß es gerade die Pflicht eines großen Dichters wäre, das Volk zu seiner Höhe heraufzuziehen und nicht zu dessen Tiefen hinabzusteigen. Er stimmte mir bei und gab zu, daß er selber unter keinen Umständen solch ein Buch wie den „Oberon" geschrieben haben würde. Er sprach in den höchsten Tönen des Lobes von Wielands Stil und wies auf die Stellen, wo Rezia ein Kind bekommt, als ganz prachtvoll hin. Ich sagte, daß ich dort nichts besonders Auffälliges entdecken könnte, aber das wäre wahrscheinlich Schuld der ungenügenden Übersetzung. Was die Diebstähle Wielands anging, sagte er, seien sie so trefflich ausgeführt, daß die größten Schriftsteller stolz darauf sein könnten, so zu stehlen wie er. Er sähe die Bücher und Fabeln der alten romantischen Schriftsteller an wie die alte Mythologie, nämlich als eine Art gemeinsamen Eigentums, wovon jeder soviel nehmen könnte, wie er wohl brauchte. Ein Engländer hatte ihm die Oden von Collins[65] geschenkt, die er mit Vergnügen gelesen hatte. Er wußte wenig oder nichts von Gray[66], abgesehen davon, daß er das Gedicht „Elegie, geschrieben auf einem Dorfkirchhof", verfaßt habe. Er klagte über die Gestalt des Narren im „Lear". Ich machte die Bemerkung, daß gerade dieser dem Unglücke noch eine schreckliche Note der Wildheit beifüge, doch er blieb bei seiner Klage. Er fragte mich, ob es allgemein anerkannt sei, daß Popes gereimte Dichtungen mit größerer Kunst als die irgendeines anderen englischen Schriftstellers geschrieben wären. Ich sagte, daß ich Dryden den Vorzug gäbe, weil seine Reimpaare abwechslungsreicher gebaut seien. Er hielt meinen Grund für gut, fragte jedoch, ob die Reime von Pope nicht genauer wären. Diese Frage zielte nach meiner Meinung auf die Endungen hin; und ich gab zu, daß er im

Recht sei. Nach meiner Meinung dürfte man einige kleine Schwankungen in den Endreimen entschuldigen, falls der poetische Schwung im allgemeinen größer wäre. Ich erzählte ihm, daß wir es nicht so genau in bezug auf die Schlußendungen nehmen wie die Franzosen. Er schien nicht zu wissen, daß wir keinen Unterschied zwischen den weiblichen und den männlichen (eigentlich einfachen und doppelten) Reimen machen, wenigstens legte er mir in dieser Beziehung Fragen vor. Er schien zu glauben, daß keine Sprache soweit vollendet wäre, daß sie nicht durch Anleihen bei anderen Sprachen erweitert werden könne. Ich sagte, daß das ein gefährliches Handwerk sei, und fügte hinzu, daß Milton nach meiner Meinung seine Poesie und Prosa gerade hierdurch oft geschädigt habe. Ich empfahl ihm die Prosaarbeiten von Dryden als vorbildlich in bezug auf reines und gutes Englisch[67]. Ich befand mich wohl auf etwas gefährlichem Boden, denn ich glaubte zu ahnen, daß Kopstock in dieser Richtung selber allzuweit gegangen ist.

Am selben Tage aß ich bei Herrn Klopstock zu Mittag, wo mir das Vergnügen eines dritten Gespräches mit dem Dichter zuteil wurde. Wir sprachen allerdings im allgemeinen nicht über besonders wichtige Gegenstände. Ich fragte ihn, was er von Kant hielt. Er sagte, daß sein Ruhm in Deutschland stark im Verblassen sei. Er seinerseits wäre hierüber nicht erstaunt, da die Werke von Kant ihm vollkommen unverständlich blieben[68]. Er wäre oft von den Kantianern belästigt worden, hätte sich aber nur selten auf ein Wortgefecht mit ihnen eingelassen. Es war seine Gewohnheit, ein Buch vorzunehmen, es zu öffnen, eine Stelle zu zeigen und zu bitten, man möge sie ihm klarmachen. Dies versuchten die Leute gewöhnlich dadurch, daß sie ihre eigenen Gedanken unterschoben. „Ich will ja nicht", sagte er, „eine Entwicklung ihrer eigenen Ideen, sondern eine Erklärung der Stelle, die wir vor uns haben. So bringe ich gewöhnlich den Streit zu einem raschen Ende". Er sprach von Wolf als dem ersten Metaphysiker, den man in Deutschland gehabt habe. Wolf hätte auch Anhänger, doch könne man sie kaum eine „Schule" nennen. Bis Kant vor ungefähr fünfzehn Jahren erschienen sei, wäre Deutschland glücklicherweise von der Seuche einer eigentlichen philosophischen Schule frei geblieben. Jeder Mann habe seine Nachforschungen für sich gemacht, ohne auf das Dogma eines Meisters zu schwören. Kant habe den Ehrgeiz gehabt, der Gründer einer Sekte zu sein. Nicolai und Engel hätten jeder auf ihre Art dazu beigetragen, die deutsche Nation aus dem Zauberbann zu befreien, während das meiste hierzu die Unverständlichkeit des Philosophen und seiner Philosophie bewerkstelligt hätte. Er hörte mit sichtlichem Vergnügen, daß die Lehren von Kant bis jetzt noch in England wenig Anhänger gefunden hätten. Er zweifelte nicht, daß wir zuviel gesunden Menschenverstand besäßen, als daß wir uns von einem Schriftsteller an der Nase herumführen ließen, der gerade dem gesunden Menschenverstand und allen allgemeinen Begriffen strikte zuwiderliefe. Wir sprachen von der Tragödie. Er schien der Meinung zu sein, daß es recht schwierig wäre, Tränen hervorzulocken. Ich behauptete jedoch, nichts wäre leichter, als ein ganzes Auditorium unter Tränenwasser zu setzen und daß dies selbst unsere schlechtesten Schriftsteller jeden Tag fertigbrächten.

Anmerkungen zur Übersetzung.

[1] Ich habe hier, wie auch später, die meist ungenaue Schreibart von Eigennamen in der Übersetzung dem Original entsprechend wiedergegeben. Man belaste aber das Konto von Coleridge nicht ohne weiteres mit allen gemachten Fehlern. Wer die Gewohnheit hat, in fremden Sprachen zu zitieren, wird nachfühlend verstehen, wie schwer es ist, den Setzer dahin zu bringen, das zu setzen, was man aufgeschrieben hat. — Die hier gebrauchte Schreibart „Heiligeland" ist ungebräuchlich. Die englische Schreibart lautet „Heligoland", die deutsche der damaligen Zeit „Heiligland, Helgeland, Helgoland". Die Ansichten über die Ableitung des Namens (ob von „heilig" oder „hallig") gehen auseinander. Dasselbe tun die Ansichten über den Charakter der Bewohner. Der Erzählung von Heckscher (S. 40), wie in den siebziger Jahren die „Saxonia" bei Helgoland strandete und den Helgoländern die artige Summe von 92000 Mark ausgekehrt werden mußte, da sollen sie dem alten Spruch

Roth de Wand
Grön dat Land
Witt de Sand
Dat sünd de Farben von Helgoland

den Endreim hinzugefügt haben:

Du leve Gott, segen unsern Strand!

wollen wir lieber keinen Glauben schenken, trotzdem sie gut zu den Bemerkungen der Seeleute aus der Zeit Coleridges paßt.

[2] Zu Neuwerk und Ritzebüttel werden zum Besten der Schiffahrt 5 Baaken unterhalten. Heß, Teil 3, S. 190.

[3] Abweichende Schreibart für Neuwerk bei Cuxhaven. Ungefähr aus der Zeit gibt es einen anschaulichen Stich von David (datiert 1804).

[4] Von ihm, auch vom „Dänen" war im Vorhergehenden die Rede.

[5] Die Insel heißt Krautsand. Der von Coleridge gebrauchte Ausdruck „Holm" für Flußinsel hat bekanntlich im Deutschen gleiche Bedeutung.

[6] Die Karten der Zeit bezeichnen sie als ganz mit Bäumen bestanden. Eine Kirche und einige Häuser werden auch auf ihr vermerkt.

[7] Der Ort heißt auf der Elbkarte von Melchior Lorichs (1568) „Whell", auf sämtlichen anderen Karten, die ich im Staatsarchiv einsah: „Wedel" und „Wedell".

[8] Kanäle, die namentlich in dem Jahrhundert vor der Eisenbahn sehr zahlreich gebaut wurden, gehen in England mitunter durch große Parks. Man denke an die wunderbar schöne Fahrt auf dem Kanal von Llangollen.

[9] Die Bemerkung ist zweifellos übertrieben, um Stoff für die folgende Reflexion herzugeben. Das „Panorama des rechten Elbufers von Hamburg bis Blankenese . . . von Charles Fuchs (etwa 1840) zeigt den Charakter der Landschaft, wie er wohl auch 40 Jahre vorher gewesen ist. Es gibt eine Anzahl Tempel, z. B. beim Garten von D. Jürß, im Bauerschen Park usw. Viele beschnittene Bäume habe ich, trotzdem ich alle im Staatsarchiv aufgestapelten Blätter zu sehen Gelegenheit hatte, nicht gefunden. Heranzuziehen ist die Stelle aus einem Briefe von Wordsworth ("Letters", Bd. 1, S. 178) vom 3. 10. 1798." Die Lage der Stadt ist, alles in allem, angenehm. Die Befestigungen gewähren manche hübsche Aussicht auf den Fluß und das sich daran schließende Land. Die Küsten der Elbe sind reich mit Häusern besetzt, die von den Kaufleuten für das Wochenende (im Text 'retirement for Saturday and Sunday') gebaut sind. Die englischen Kaufleute haben das Beispiel hergegeben. Der Stil ist eine Nachahmung des englischen Gartenstiles . . ." Ferner ist zum Verständnis zu vergleichen „Annehmlichkeiten" (I, S. 27). „Zu den angenehmsten Landfahrten

gehören folgende Wege: Zuförderst der Weg nach Westen durch Altona an der schiffreichen Elbe durch das schöne Dorf Nienstädten und Dockenhuden, bis zum Fährhause nach Blankenese. Man hat die Wahl, ob man diese Reise, welche in einigen Stunden zurückgelegt wird, hart an der Elbe oder auf den hohen Ufern des Flusses machen will." Später heißt es: „Besonders bieten die Gärtens, welche auf einer Anhöhe in Nienstädten liegen, den Augen einen Anblick an, der die Eigenthümer, wenn sie nicht so gütig wären, jedermann an ihre Schätze gerne Theil nehmen zu lassen, in Gefahr setzen würde, sehr beneidet zu werden." Vieles Spazierengehen vor den Toren verhinderte auch die recht rigorose Torsperre. Coleridge hatte selber auch kaum Gelegenheit, das Sonntagstreiben zu sehen. Er läßt wohl teils die Phantasie sprechen, teils schöpft er aus den Erzählungen von Bruder und Schwester Wordsworth, die längere Zeit als Coleridge in Hamburg zubrachten. So erklärt sich die Mischung von Beobachtung und Unrichtigkeit.

[10] Das „Hamburgische Adreß-Buch" für 1799 hat auf Seite 369 die Ordnung des „Passagierever zwischen Haarburg und Hamburg". Es verkehrten wirklich am Tage zwei Boote in jeder Richtung.

[11] Rauchen ist in der Tat ein Charakteristikum der damaligen Hamburger gewesen. Auch Dorothy Wordsworth vermerkt in ihrem Tagebuch ("Life", Bd. 1, S. 166): „Die Männer unterscheiden sich wenig von den Engländern, nur daß sie im allgemeinen eine Pfeife im Munde halten". Ihr Landsmann, der Verfasser des Picture ("Picture", S. 155) geht sogar so weit, unter der Überschrift „Vergnügungen" als erste das Rauchen aufzuführen. „Es wird von Jung und Alt, von Reich und Arm betrieben. Es ist so verbreitet, daß Bengel von 10 oder 12 Jahren mit der qualmenden ‚Sigaro' im Munde einherstolzieren .... Da die Pfeifen meist aus elastischem Material hergestellt werden, haben die Reiter sogar gewöhnlich eine solche zwischen den Lippen hängen.

Maurer, Zimmerleute und Arbeiter aller Berufe können während der Arbeit das Rauchen nicht entbehren." Es war noch 1781 ein Mandat für nötig gehalten worden: „Daß die Leute, die mit Heu und Stroh rc. umgehen, dabey das Tobak Schmauchen überhaupt nicht, außer ihrer Arbeit aber nicht anders, als mit Aufsteckung eines Dopfs auf den Kopf der Pfeifen erlaubt seyn solle". (Auswahl I, 63). Dr. Rambach setzt übrigens die Altersgrenze der jugendlichen Delinquenten etwas höher (Rambach, S. 165): „Das Tobak Rauchen hat in den höheren Ständen ziemlich abgenommen, im Ganzen ist es aber noch sehr gebräuchlich, besonders bei der arbeitenden Volks Klasse, die den Tag über auf der Straße zubringt. Diese Menschen rauchen fast in einem fort. Auch Buben von kaum vierzehn Jahren gewöhnen sich schon an dieß Bedürfniß, und nicht selten zum großen Nachtheil für ihre Sittlichkeit. Unter unserm weiblichen Geschlecht hat das Rauchen fast ganz aufgehört, ausgenommen bei einigen alten Holländerinnen und Wasser Trägerinnen. Auch einige Bäuerinnen aus dem benachbarten alten Lande sitzen zuweilen mit langen thönernen Pfeifen auf unserm Markt." Noch stehen wir ja in einer Zeit, wo das Rauchen eigentlich als unmoralisch, in der Nähe von Damen als Verbrechen galt. Das ist der Grundton des oft zitierten Zornergusses vom Domherren Meyer, der über Rauchen auf der Promenade schreibt: „Daß die Nähe der Damen den Männern alles Tobakrauchen da oben verbietet, mag sich wohl von selbst verstehen, wenn gleich sonst unsere artigen jungen Stutzer, die oft unter sehr rohen Formen erscheinen, sich den allerbeliebten Zigarro, den sie sogar im vollen Jungfernstieg zum öffentlichen Skandal brennend und dampfend im Munde führen, nicht streitig machen lassen." (Skizzen, Heft 2, S. 214/5). Übrigens mit dem „vollen Jungfernstieg" hat es folgende Bewandtnis. Die revidierte Straßenordnung vom 9. 7. 1788 (Auswahl I, 209) führt als Schluß des Paragraphen 10 auf: „. . . alle, die angezündete Tobaks Pfeiffen bey sich führen, sich der öffentlichen Promenade im Jungfernstieg gänzlich enthalten". Dieser Paragraph, der sicher als Rauchverbot gedacht war, wurde von den Inhabern von Sigarros, welche der hochweise Gesetzgeber von 1788 noch nicht kannte, dahin ausgelegt, daß er für den aristokratischen Glimmstengel nicht galt. Zum Schluß sei an die Bilder von Suhr erinnert. Nr. XXXII (Numerierung nach Suhr-Heckscher) zeigt sogar eine Vertreterin des schönen Geschlechtes, eine Störorterin, mit einer langen, holländischen Pfeife, während von den vier behäbigen Zuckerbeckern (Nr. XXXIII) nicht weniger als drei eine gewaltige Meerschaumpfeife rauchen. Nr. XXXIV zeigt einen Elmshörner Schiffer, diesmal mit einer kurzen Tonpfeife, und auch der alte Herr, der auf der Alster lustfährt (Nr. XXXV), hat seine Pfeife nicht zu Hause gelassen. — Von der Tatsache, daß diese entsetzlichen Juden das Rauchen nicht einmal an hohen christlichen Feiertagen unterlassen wollten, später (vgl. Anmerkung 57).

[12] Ich habe den Eindruck, daß diese Betrachtung, die etwas recht Feminines an sich hat, ganz nach dem Journal von Dorothy Wordsworth ("Life", Bd. 1, S. 165) geschrieben ist. Da es sich um eine der wenigen Stellen handelt, in denen eine Frau der Zeit beobachtend über Moden schreibt, sei sie in Übersetzung mitgeteilt: „Da gab es Holländerinnen mit ungeheuren Strohhüten. Die eigentliche Kopfform der Hüte war flach. Sie hatten aber breite Ränder in Form von Austernmuscheln. Die Hüte waren ungarniert, höchstens schlang sich ein breites Band um die Kopfform. Sie waren buchstäblich so groß wie ein mäßiger Regenschirm. Hamburger Mädels trugen weiße Kappen mit breiten überhängenden Seiten, umgebogen und steif, mit langen Bandwimpeln. Hannoveranerinnen hatten runde Haubenstreifen, die aufrechtstehend das Gesicht ganz frei ließen, sehr viele Bänder ... Obsthändlerinnen trugen große Strohhüte in der Form einer umgekehrten Schale, mitunter auch weiße

Kopftücher, die in der Art von Bischofsmützen um den Kopf geschlungen waren. Am häufigsten sah man Jacken, wobei Rock und Jacke oft von verschiedener Farbe waren. Die Damen, die keine Hüte trugen, waren nach allerhand verschiedenen Moden gekleidet. Die Soldaten trugen rote, aber glanzlose Röcke und ungeheure Dreispitze." Hierzu ergänzend sagt Dorothy Wordsworth (l. c., S. 166) von den Damen auf der Promenade, die sie später besuchte — den ersten Eindruck hatte sie am Hafen beim Gepäck wartend, bis ihr Bruder Logis gefunden hatte, erhalten —: „Die Damen trugen kleine Körbe am Arm und verschiedenfarbige Tücher als Überwürfe. Die Frauen der niederen Stände waren sehr bescheiden angezogen."

Von den Trachten der Obsthändlerinnen usw. hat uns Suhr so entzückende Bilder hinterlassen, daß es genügt, auf sie zu verweisen. Was die Trachten der Damen und der niederen Stände angeht, so möchte ich wenigstens im Auszug die Betrachtungen des Autors von "Picture" wiedergeben, außer ihrer Originalität wegen auch deshalb, weil auf zwei so moderne Dinge wie: schlanke Linie und Handtasche besonders hingewiesen wird "Picture", S. 92: „Wenn sie ausgehen, tragen sie einen Hut oder eine Mütze und lassen aus der Hand eine kleine Handtasche herunterhängen, der sie, um sie hervorzuheben, den Namen Ridicule oder Indispensable geben. Diese Handtasche ist ein Ersatz für Kleidertaschen, die schon lange verpönt sind, da man sie als lästig ansieht. Auch geben sie zuviel Rundheit in der Hüftgegend, und das läuft dem zarten Ideal von Frauenschönheit von heute zuwider. In diesem Ridicule tragen sie ihre Taschentücher, ihr Geld und ihre Handarbeit, die gewöhnlich ein Strickzeug ist. Denn Stricken ist ihre Hauptbeschäftigung während ihrer Plaudervisiten. Das Taschentuch wird auch häufig unter dem Kleid am oberen Rande des Unterrockes angebracht... Die Frauen (der mittleren und unteren Klassen) gehen im Hause äußerst nachlässig angezogen. Die Kleider baumeln an ihnen ohne Nadeln oder sonstige Befestigung. Ihre Unterröcke sind aus braunem, billigem halbwollenem Stoff, der auch ohne viel gewaschen zu werden, verhältnismäßig anständig aussieht. Wenn sie ausgehen, werfen sie ein langes seidenes Gewand oder einen Pelz über und erscheinen auf der Promenade wie Modedamen. Sobald sie wieder nach Hause gekommen sind, legen sie das augenblicklich ab und werden wieder dieselben abschreckenden Schlampen wie zuvor.... Die arbeitende Bevölkerung zieht sich nachts selten aus. Diese Sitte, verbunden mit dem ewigen Rauchen und dem seltenen Waschen, gibt ihnen ein speckiges, dunkles Aussehen. Deshalb sehen sie mit 30 Jahren so alt wie andere Völker des Nordens mit 50 Jahren aus." Als Gegenstück hierzu sei Rambach zitiert, der (Rambach, S. 198) ausdrücklich auf die Reinlichkeit der besseren Hamburger — „reine und möglichst feine Wäsche ist ein Bedürfniß für ihn, das er bis zum Luxus ausdehnt" — hingewiesen. Übrigens kommt: Ridicule nicht von lächerlich, wie oft angenommen wird, sondern von lat. reticulum = kleines Netz.

[13] Die Stelle, welche im Original lautet: "Their visnomies seem'd like a goodly banner Spread in defiance of all enemies" ist eine Verdrehung eines Zitates aus Spenser "Amoretti and Epithalmion", Strophe V. "And her faire countenance, like a goodly banner Spreds in defiaunce of all enemies". Die Umstellung — von Singular in Plural — dürfte absichtlich erfolgt sein.

[14] Daß die im ersten Augenblick befremdliche Beobachtung richtig war, zeigt das folgende Zitat, welches von dem vertrauenswürdigsten unserer Beobachter herrührt: „Die Schminke gehört seit einiger Zeit wieder zur vollständigen Parüre unserer Damen. Nur die ältern, bei denen man keine Reize mehr sucht, und junge Mädchen, deren Wangen keiner Tünche bedürfen, schminken sich nicht, sonst prangt fast alles in unsern vornehmen Ständen mit Roth. Dies ist aber fast durchaus so ungeschickt aufgelegt, daß das künstliche

dieses Schmuckes sogleich ins Auge fällt, und eben deswegen den meisten Männern widert.... Die weiße Schminke, deren Schädlichkeit auch bei uns durch manches Beispiel erwiesen ist, ist jetzt weniger im Gebrauch" (Rambach, S. 207). An und für sich scheinen es die Hamburgerinnen gar nicht nötig gehabt zu haben, denn: „Die Natur stattet die Hamburgerinnen gewöhnlich mit einem fleischigen Körper, lebhaftem Teint und sanften blauen Augen aus." (Merkel, S. 241.) Allerdings habe ich mehrfach erwähnt gefunden, daß die Hamburgerinnen einen blassen Teint haben, der vom vielen Theetrinken herrühren soll. – Die Mode des Schminkens war sicher vom Auslande eingedrungen, da Hamburg ja ständig von England und um die Jahrhundertwende ganz besonders auch von den französischen Emigranten beeinflußt wurde. Die oft zitierte Schilderung einer Hamburgerin bei Heß (enthalten in dem schön benannten Kapitel "Ethognomik" der ersten Auflage 1789, S. 402) mit ihrer Einteilung in die „hausfrauliche" und die „feinfrauliche" scheint unter dem Ansturm der neuen Zeit rasch veraltet zu sein. (Vgl. Merkel, S. 242.) Ja die Zeit schreitet schnell und zwischen 1789 und 1801 konnte sich mancherlei verändern. Hoffentlich trotzt aber die Angabe aus „Hamburgs Annehmlichkeiten" vom Jahre 1783 allen Zeiten: „Das schöne Geschlecht in Hamburg, aber nur das wohlerzogene, unterscheidet sich sehr durch äußerliche Wohlanständigkeit, insonderheit aber durch Edelmuth und durch eine bewunderungswürdige Standhaftigkeit in Freundschaft und Wohlwollen." (Willebrand 2 S. 117.) Und wer ist wohl berufener über Hamburgs Frauen zu urteilen als der Autor von Hamburgs Annehmlichkeiten?

[15] Auch diese Behauptung ist leider zu belegen. Selbst wenn wir dem krittelichen Menuret nicht glauben wollen, der (S. 73) sagt: «Les mêmes causes ... portent une atteinte terrible à la bouche, à ces osselets précieuses qui en sont l'ornement ... dès la plus tendre enfance les dents sont

pourries et cariées, elles manquent à la jeunesse et à la beauté ... vous trouvez à chacque pas des machoires souffrantes et enveloppées», bleibt immer noch Rambach (S. 176): „Einen andern körperlichen Fehler haben alle Stände mit einander gemein. Dieß sind schlechte Zähne, die mit wenigen Ausnahmen das Eigenthum der Erwachsenen beider Geschlechter sind." Er gibt als wahrscheinlichen Grund — übertriebene Reinlichkeit und Putzen mit schlecht zusammengesetzten Latwergen und Tinkturen an. Daß die Landleute bessere Zähne haben, wie Coleridge bemerkt, sagt Rambach (S. 178) ausdrücklich, und schließlich ist die Mitteilung erfreulich: „Auch Köchinnen behalten sehr oft bis in ein hohes Alter gesunde Zähne, ob sie gleich täglich die siedend heißen Speisen kosten." Wir haben also von dem Idealbild der hochgeschätzten „Hamburger Köksch" in dieser Beziehung nichts abzuziehen. Schließlich sei noch eine Stimme von einem Braunschweiger gehört. Es schreibt Friedrich Langerfeldt (Mack, S. 68) von einer jungen Dame: „Sie ist recht schlank gewachsen, sieht für Hamburg ungewöhnlich gesund aus, hat ein recht gutes, freundliches Auge und im allgemeinen ein gutes Gesicht, woran nur der Mund zu groß ist und die Zähne, wie alle in Hamburg, häßlich sind." Der Brief ist vom 3. September 1809.

16 Leicht wäre es, über die Dienstmädchen der Zeit ein Buch zu schreiben, das vielleicht gar nicht ganz langweilig ausfallen würde, schwer ist es nur, aus der Fülle des Materials — man verstehe mich nicht falsch! — das Beste herauszugreifen. Der Autor des "Picture" (S. 97) äußert sich ähnlich wie Coleridge und ihn ergänzend: „Dem Beobachter muß unbedingt der Gegensatz auffallen, wenn er die Anzahl der bildhübschen Vertreterinnen des schönen Geschlechtes in dieser Stadt sieht, insbesondere unter den Dienstmädchen. Um so viele entzückende, junge Dinger zusammenzubringen, hätte man, nach Meinung des Beschauers, wohl das ganze Reich durchsuchen und alle Schönheiten sammeln müssen,

um diese herrliche Truppe der Reichsstadt zu requirieren. Diese Mädel spielen die Hauptrolle in allen Liebesaffairen. Damit hier die Schwierigkeiten nicht zu unangenehm groß werden, bedingen sie sich bei der Vermietung ausdrücklich das Recht aus, ihre Besorgungen am Abend machen zu dürfen. So sind denn gegen Einbruch der Dunkelheit die Straßen voll von ihnen. Rang und Würde kann man wie folgt unterscheiden. Die Hausmädchen und Köchinnen tragen einen länglichen oder viereckigen Korb, den ein Shawl oder kleineres Tuch bedeckt, am Arme, während ein kleines in der Hand getragenes Körbchen die Zofe oder das Nähfräulein verrät. Im übrigen gleichen sie sich in der Tracht ...". Der hier schon angedeutete Revers de la medaille der hübschen Dienstmädchen findet scharfen Ausdruck beim würdigen Domherren Meyer. Da Meyer sich als „fünfzehnjährigen Hausvater" bezeichnet, ergänzt er fachmännisch das Bild unserer Gewährsleute: „Zwei hamburgische Künstler, der Portrait- und Geschichtsmaler Suhr und der Kupferstecher Forsmann, haben das jetzige Kleiderkostume der hiesigen Dienstmädchen, in vielen nach dem Leben gezeichneten Figuren, Heftweise in kolorierten Blättern herauszugeben angefangen. — Doch hamburgisch kann man diese Trachten so wenig als die Mädchen selbst so nennen: denn sie sind ein Gemengsel von hannöverschen, hessischen und holsteinischen Kostumen mit den übertriebenen Moden unserer Damenkleidung, den kurzen sogenannten griechischen Taillen und schwellenden Busenumgebungen staffiert. Ebenso sind unsere, besonders weiblichen Dienstboten, aus diesen benachbarten Ländern, ein Gemengsel der Hefen des Pöbels, moralische Exulanten, gewinnsüchtige Abentheuerinnen! Gegen die Miethzeit ziehen sie in Scharen zu uns über die Elbe. — Ein Reisender stieß in diesem Frühling bei Göttingen, auf einen solchen Troß, von mehr als zwanzig halbzerlumpten Mädchen, die, ihren Bündel auf den Rücken geschnürt, mit einem Wegweiser an der Spitze, einherzogen. Er hielt sie

Der Pinneberger Correspondente.
Oder:
Das große Faß voll Hannöversche Dienstmädchen, welche sich in Hamburg vermiethen wollen.

Mittwoch, den 6 Febenar 1799. No. 22.
Das ganze Faß voll kostet mit Fuhrmann, Pferd und Wagen 4 Schilling und daß galante Dienstmädchen, welche ihre Landsmännin Willkommen heist geht oben ein.

für einen Zigeunertrupp. Acht Jüdinnen waren darunter, die übrigen Mädchen aus dem hessischen und aus Frankfurt. Auf seine Frage: wohin? war ihre Antwort im Chorus: nach Hamburg, um Dienste zu suchen! Was aus solchem hergelaufenen Gesindel... wird, das mag man sich selbst sagen oder sich davon in der Abenddämmerung auf den Gassen überzeugen.' Diese Schilderung ist so frisch, daß man ihr glauben muß, obgleich es mir unwahrscheinlich dünkt, daß unter 20 Mädchen aus der Frankfurter Gegend nur 8 Jüdinnen gewesen sein sollen. Man sieht aber, daß Coleridge, wenn er die Hamburger Dienstmädchen oder, um mit Meyer zu reden, die „besonders weiblichen Dienstboten" für gesunde Landpomeranzen bester Lokalzucht hielt, sich gründlich irrte. Man muß aber Domherr und „fünfzehnjähriger Hausvater" sein, um da ein Wörtlein mitreden zu können. (Meyer, Heft 2, S. 121.) Leider, leider scheint es aber wirklich in puncto Moral bei der fauna domestica bedenklich gehapert zu haben. Es gibt eine Zeitschrift: „Der Pinneberger Correspondente oder der schnelle Courier" von der 1798 und 1799 im ganzen 29 Nummern, die meisten mit einem Kupferstiche verziert, erschienen, bis sie am 3. April 1799 ein hochweiser Magistrat verbot. Da ich zwei der Stiche als Illustrationen bringe, suche der geneigte Leser bei den Erläuterungen der Bilder weiteres über dieses Blättchen. Wenn es auch ein mißliches Ding ist, Kulturgeschichte nach Witzblättern zu schreiben — man denke, ein Kulturhistoriker rekonstruiert unsere Kultur nach einigen Bänden der „Fliegenden Blätter": Die Welt besteht aus blöden Professoren, die ihren Regenschirm stehen lassen, idiotischen Leutnants und Backfischen, keifenden Schwiegermüttern, und die einzigen intelligenten Lebewesen sind die Dackel! — so gilt wohl doch das Sprichwort: Wo viel Rauch ist, ist gewöhnlich Feuer. Und — Feuer scheinen die hübschen Hamburger Dienstmädchen in ihrem Geblüte gehabt zu haben, auch wenn letzteres aus Hessen und Hannover stammte.

[17] Es bestand die Sitte, die Stiefel abends in einer Herberge im Hofe beim Hausknecht zu lassen. Der Gast mußte dann in einem Paar geliehener und nicht übermäßig eleganter Pantoffeln sein Zimmer aufsuchen.

[18] Die Belegstellen dafür, daß die Straßen Hamburgs um 1800 in wirklich üblem Geruche standen, sind leider zu zahlreich, um die Tatsache wegdisputieren zu können. Man muß selbstverständlich einen anderen Maßstab anlegen, als ihn die modernen sanitären Einrichtungen einer Großstadt — selbst wenn sie noch allerlei zu wünschen übriglassen — bieten. Aber Hamburg scheint auch nach dem Maße der Zeit gemessen wirklich recht unsauber gewesen zu sein. Dr. Menuret (Menuret, S. 41), der doch mit Paris und anderen Städten vergleichen konnte, schreibt: «Les rues très mal pavées, fort fréquentées, étroites, obliques tortueuses sont en géneral assez sales, humides et boueuses.» Allerdings gibt der literarische Gegner und Konkurrent von Menuret, der Dr. Rambach, doch Hamburg, nachdem er allerlei recht Ungünstiges davon erzählt hat, den Vorzug vor Berlin und Paris (Rambach, S. 27): „Die Reinigung der Straßen wird an den Mindestfordernden verpachtet. Besonders dazu bestellte Wagen sollen täglich in den Straßen umherfahren, um den Kehricht und die Asche aus den Häusern und den Koth von den Gassen wegzuholen. Allein theils kommen die Wagen nicht alle Tage in jede Straße, theils ist ihre Einrichtung so kläglich, daß sie bei weitem den Nutzen nicht stiften, den sie bei einer bessern leisten könnten. Sie sind so undicht, daß sie einen Theil ihrer ekelhaften Ladung wieder verlieren, und unbedeckt. Daher hüllt sie jeder nur etwas starke Wind in eine Wolke von Asche, die den Vorübergehenden fast den Athem benimmt. Aus eben dem Grunde verbreiten sie manchmal einen abscheulichen Geruch, besonders in engen Straßen und Gängen, wo man ihnen kaum ausweichen kann. Ferner sind sie nicht verbunden, jede Art von Unrath aufzunehmen. Hierher gehören

besonders todte Tiere, die der Abdecker wegschaffen soll, die aber oft Tage lang liegen bleiben. – Dies ist besonders in der Vorstadt St. Georg der Fall, die überhaupt in Hinsicht der Polizei, äußerst vernachlässigt wird. Ich habe an den troknen und nassen Gräben Monate lang todte Schweine und Hunde liegen sehen, an denen tausende der ekelhaften Würmer nagten, und die nicht eher aufhörten, den Geruch der Vorübergehenden zu empören, als bis sie durch jenes Heer von Anatomen skelletirt waren." Diesem Bilde schließen sich die Skizzen (Meyer, Heft 1, S. 34) an: „Wem fiele es wohl ein, in einer so engbebaueten, gewühlvollen Stadt, in regnigten Jahreszeiten über Unsauberkeit der Gassen zu klagen? Aber die unsrigen könnten doch reinlicher sein, . . . wenn der Unrat in mehrern Gassen voll unreinlicher Bewohner nicht vor den Häusern ausgeschüttet würde, und hier im Haufen mehrere Tage faulte; wenn Katzenkadaver nicht oft so lange dort lägen, bis sie von Wagenrädern und Pferdetriten zermalmt und von der Sonne gedörrt sind; wenn der zusammengefegte Schlamm nicht Tage und Nächte lang . . . liegen bliebe, damit der nächtliche Fußgänger in diese Gassensümpfe versinke." Die „Annehmlichkeiten" (Willebrand II, S. 79) kritisieren allerdings in der Art des Mannes, der einen schmutzigen Kragen damit entschuldigte, daß doch noch eine ganze Anzahl sauberer Stellen darauf sei. „Die besudelten Gassen in Hamburg sind Wirkungen beydes der feuchten Luft und des großen Gewühles in dieser Stadt; in manchen Gassen ist es leider! hier reinlich genug, weil sie wenig betreten werden, dafür mag es denn nun lieber in vielen Gassen schmuzig seyn." Es paart sich leider! gute Gesinnung — wie des öfteren — mit schlechtem Deutsch. Wir finden übrigens bei Heß (Heß, Teil 1, S. 183) auch Angaben über die Namen und, was interessanter ist, Pachtsummen der Abfuhrunternehmer. Der Pächter, namens S. P. Schaer, erhielt, als Coleridge Hamburg sah, also 1798, für die Reinigung der Altstadt 14975 und der Neustadt 17975 Mark. Im Jahre 1799 stieg die Pachtsumme der Neustadt auf 21975 Mark, diesmal an P. Bruns vergeben, da der bisherige Pächter 25975 Mark forderte, also sichtlich nicht auf seine Rechnung gekommen war. Die Altstadt behielt Schaer zum vorherigen Satze.

[19] Die Klagen über das Hamburger Pflaster sind häufig. Der verkleidete Engländer, Hennings (Hennings, Fol. 19/40, S. 27) sagt: „Dem Fremden ist das schlechte Pflaster in den Gassen äußerst befremdend. Es ist nicht allein den Fahrenden, sondern auch den Gehenden sehr beschwerlich, da beym geringsten Regen die mit hohen Häusern eingeschlossenen engen Straßen auf den breiten Steinen überaus schlüpfrig und also sehr ermüdend und unsicher sind." Dieser Bemerkung vom Jahre 1785 ist allerdings die spätere, beruhigende Notiz angehängt: „Auch das hat sich sehr geändert." Daß natürlich auch der unfreundliche Menuret (Menuret, S. 38) in dasselbe Horn stößt, ist nicht verwunderlich: «Le pavé formé de pierres inégales et mal jointes est très mauvais, très incommode au marcher et il favorise d'autant plus la stagnation des eaux de pluye et d'égouts, l'amas et le séjour de la boue, qu'il y'a en général fort peu de pente.» Auch Rambach sagt (Rambach, S. 26): „Das Pflaster unserer Straßen ist großentheils nicht sonderlich, und wird in den volkreichsten wohl nie viel besser werden. Sie sind zu eng, man kann sie nicht auf lange Zeit sperren, und muß sich daher immer mit einer oberflächlichen Ausbesserung begnügen. . . . In einigen Straßen und Plätzen hat man das Kopenhagener Pflaster, auf den Vorschlag des H. Professor Büsch, angewendet. Die Steine werden hierzu roh behauen, so daß sie aneinander passen, und oben platt sind. Da dieß Pflaster stark gewölbt ist (an manchen Orten wirklich zu stark) so hält es recht gut und ist zum Gehen und Fahren äußerst bequem, allein die Arbeit rükt mit Schnecken Schritten vorwärts, und kostet unsägliches Geld. Seit etwa 15 Jahren

haben auch manche Eigenthümer vor ihre Häuser zwei bis drei Reihen behauener Felsen Steine zum Besten der Fuß Gänger legen lassen, aber diese Einrichtung dient beinah mehr zu ihrem Nachtheil, denn Last Träger und Karren Schieber bedienen sich, aller Verbote ungeachtet, dieser breiten Steine und wehe dem, der sein Recht gegen sie behaupten will!" Im Laufe des nächsten Jahrzehntes hat sich doch manches, wenn auch nicht alles, gebessert. Heß (Heß, Teil I, S. 169) fängt sein umfangreiches Kapitel „Gassenpflaster und Gassenreinigung" mit den Worten an: „Dieser Theil der Stadt steht in gar üblen Ruf im Auslande. Unser Gassenpflaster ist nicht das bequemste, und könnte im Ganzen wohl besser sein, als es noch zum großen Theil da liegt; indeß ist das Wehklagen darüber doch jetzt mehr bloßes Nachsprechen oder Prahlerei, daß man weiter gewesen und bessere Pflaster in Residenzen betreten habe." Es folgt eine Schilderung des Pflasters, welches aus Granitkieseln der Umgegend besteht. Die Kiesel, obgleich tunlichst festgestampft, liegen infolge des ungünstigen Geländes oft bald wieder locker. Auch die vielen Regengüsse und „das übertriebene Reinigen und wöchentliche Abscheuren der Gassensteine mit Wasser vor den Thüren" trägt viel zur Verschlechterung bei. Diese Reinigung war übrigens durch die revidierte Gassenordnung vom Juli 1788 mit 2 Reichsthaler Strafe (nicht Gefängnisstrafe, wie Rambach [S. 29] meint), belegt worden. Die Verordnung wurde aber, da der Schmutz zu arg wurde, stillschweigend aufgehoben. Die erste Straße, die mit scharf behauenen Steinen belegt wurde, und zwar im Jahre 1791, war die ABC-Straße. Später folgten Steinstraße, Schweine- und Gänsemarkt usw. Auch die — seit etwa 1780 begonnenen — „Trottoare" der Eigentümer werden erwähnt. Aber noch 1810 wird über den „Mißbrauch der darüber von Karrenschiebern, Bierführern, Fuhrleuten und Kutschern geübt wird" bitter geklagt. Auch hier war die Gassenordnung von 1788, die Zuwiderhandlungen mit 8 Schillingen Strafe belegte, lediglich auf dem Papiere geblieben. Von den „beladenen Karrenschiebern" wird gesagt: „Diese Anmaßung geht so weit, wird mit solch einer schadenfrohen Insolenz geübt, daß der Fremde, der unbekannt mit dem Widerspruche, welcher sich hier zwischen der einladenden, für ihn so deutlich angewiesenen Bequemlichkeit, und den derben Abweisungen der Lastführer findet, leicht mit seinen Beinen in ein gefährliches Gedränge gerathen kann." Des weiteren wird von Heß die interessante Einrichtung der „Gassenbürger", die die Aufsicht über die „Steinbrügger" (das sind Steinsetzer) führen, und der unter den „Gassenbürgern" stehenden „Gassenschauer" und deren Verhältnis zu den Hauseignern geschildert. Das Ganze untersteht der zuerst am 16. Februar 1713 gewählten Deputation, welche sich monatlich auf dem Rathause versammelt.

20 Die Architektur der Privathäuser Hamburgs scheint in der Tat viel zu wünschen übriggelassen zu haben. Daß der Gesamteindruck kein guter war, beweisen die „Skizzen" (Meyer, drittes Heft, S. 335): „Hier sieht man fast nichts als barbarische Ungestalten von Wohnhäusern; wolkenanstrebende Spitzgiebel, gebrochne Verdachungen, zahllose Fenster, Karrikaturen von Portalen und dgl. — Verschoben, unwöhnlich und verbauet ist das Innere dieser gothischen Steinklumpen." Über die Giebel, die Coleridge besonders auffielen, sagt Rambach (Rambach, S. 15) in bezug auf die älteren Häuser, welche er die gothischen nennt: „Bei der Zunahme des Reichthums suchte man Festigkeit mit Zierlichkeit zu verbinden; man überlud daher den vornheraus stehenden — vorher treppenförmigen — Giebel und die gigantische Thür mit den abentheuerlichsten Verzierungen, mit Fratzen, zu deren Erklärung keine Mythologie ausreicht." Auch Heß (Heß, Teil I, S. 210) erklärt: „So unangenehm dem Auge die hochgespitzten und treppenartigen Giebel der Häuser in der Altstadt sind, ebenso wenig bauschön zeigen sich die hohen gebrochenen Dächer der Neustadt, wo das

Verhältniß zwischen der Höhe der Stockwerke und der Dächer nicht in Anschlag gekommen ist."

[21] Auch mit den überaus zahlreichen Fenstern hat es seine Richtigkeit gehabt. Alle unsere Autoritäten sind darüber einig. Es sagt Menuret (Menuret, S. 42): «Malgré l'excessive quantité de fenêtres, qui forment souvent les façades entières des batiments . . .» und Rambach (Rambach, S. 16): „Oft mitten unter diesen (d. h. den Häusern der Reichen), noch öfter aber in dem entlegnern Theile der Altstadt, und fast überall in der Neustadt erheben sich Gebäude von Fach Werk, mit hervorspringenden Stok Werken, leicht gebaut, und mit zahllosen Fenstern verunstaltet." Dem schließt sich Heß (Heß, Teil I, S. 211) an: „Sind die Häuser der Altstadt dunkel und verwölbt, so sind die Neustädtischen dafür desto durchsichtiger und loser, und die vielen glasreichen Fenster, womit sie von allen Seiten prangen, lassen im Sommer fast keinen Schatten zu, und zur Winterzeit gewähren sie dem Winde und der übrigen Kälte einen freien Zugang."

Ich habe in dieser und der vorigen Anmerkung lediglich die mir bekannten Belegstellen für die Bemerkungen Coleridges wegen der zahlreichen und eigenartig geformten Giebel und des Fensterreichtums gegeben, ohne damit seine Behauptung unterstützen zu wollen, daß diese Bauart als „häßlich" zu bezeichnen ist. Man vergleiche die Abbildungen im „Geschichtsatlas" auf Seite 27, man denke daran, daß wir heute z. B. nach Lüneburg oder Lübeck fahren, lediglich um uns an einem Stadtbilde zu erfreuen, auf das im großen ganzen die angeführten Zitate passen würden. Ehe wir nun von der Architektur Abschied nehmen, noch das Urteil des immer sorgfältig abwägenden Minder (Minder, S. 13): „Man spricht in allen Beschreibungen von Hamburg dieser Stadt eine gute Bauart ihrer Häuser, gute gepflasterte breite und reinliche Straßen ab, und man hat im Ganzen sehr recht. Nicht, als ob hier nicht immer manche in die Augen fallende schöne Gebäude, manche geräumige

Straße wäre. Aber gute und schlechte Häuser sind so durch einander gemischt, daß selbst die besten nicht sehr ins Auge fallen, manche Gassen in der Altstadt haben zwar schöne und sehr ansehnliche Häuser, aber sie sind dabei so enge, schmutzig und dunkel, daß die Häuser selbst nicht sehr hervorstechen, und die breitesten und reinlichsten Gassen, der Neustadt, sind mehrentheils mit weniger ansehnlichen oft kleinen niedrigen Häusern besetzt, weil die Bewohner dieser Gassen, sowie der Neustadt überhaupt, den weniger wohlhabenden Theil Hamburgs ausmachen."

[22] Eine Versteuerung der Häuser auf ihren Zinswert nach Anzahl der Fenster (und Ausgänge) bestand in England von 1697 bis 1851. Sie war angeblich dem englischen Volkscharakter angepaßt, weil die Feststellung der Steuer erfolgen konnte, ohne daß die Steuerbeamten das Haus zu betreten brauchten. An alten Häusern kann man noch heute in England vermauerte Fenster sehen.

William Pitt, genannt der Jüngere, war 1783, im fünfundzwanzigsten Lebensjahre, Finanzminister von England geworden und hatte viele Jahre die Finanzen von England in genialer Weise geleitet. Beim Volke war er dementsprechend unbeliebt. Man bringt oft, auch in der englischen Literatur, seinen Namen mit der Fenstersteuer zusammen, die er nicht erfand, wohl aber, unter dem Druck der Verhältnisse (Krieg gegen Napoleon) erhöhte.

[23] Hamburg besaß damals 83 Brücken (Rambach, S. 14) vgl. Anm. 25.

[24] Hamburg hatte drei Wasserkünste mit Schöpfrädern, von denen zwei am Jungfernstieg, eine am Graskeller lagen. Die Zeiten der Erbauung waren 1531, 1620 und 1642. (Heß, Teil 1, S. 144/6.)

[25] Die Anspielung auf die Ähnlichkeit mit Venedig ist interessant und zu vergleichen mit dem, was Hamburgs letzter Domherr darüber denkt (Meyer, Heft 1, S. 24). Er sagt: Die Hamburger Fleeten können mit den Canälen von Venedig

verglichen werden, „wenn man bei unsern Ziegelmauern, Spitzgiebeln und rothen Dächern die prächtigen Marmorfaçaden der venetianischen Palläste, die Kolonaden, die Plattdächer mit Statüen oder Orangenbäumen besetzt vergessen könnte." Was die „stinkende Ausdünstung" betrifft, verdienen die Hamburger Fleeten den Vorzug. — Man sieht, wie weit der Lokalpatriotismus geht. Man kann sich ja auch durch die Lüneburger Heide an das Berner Oberland erinnern lassen, leider, daß nur die Alpen fehlen. Doch fand ich den Vergleich mit Venedig auch sonst. Im übrigen sind sich alle zeitgenössischen Schriftsteller über den Nutzen der Fleete einig, so daß ich mich mit dem Zitate von einem begnüge (Minder, S. 10): „Durch die vielen Kanäle, die nun fast die ganze Altstadt durchströmen, werden mehrere kleine Inseln gebildet, die durch nicht weniger denn 84 Brücken mit einander verbunden sind. Diese Kanäle sind sehr geschickt, den Unrath aus einer so eng bebaueten und stark bevölkerten Stadt, besonders vermittels der Ebbe und Fluth, fortzuschaffen, sie enthalten eine besonders bei Feuersbrünsten sehr nützliche Wassermasse und verschaffen der hier so zahlreich handelnden Menschenklasse die beste Gelegenheit, ihre Waaren durch kleine Schiffe bis an ihre Vorrathshäuser fahren zu lassen. Aber eben diese sogenannten Flethe haben freilich auch die große Unbequemlichkeit, daß sie, besonders bei einem heftigen Nordweststurm, die niedrig gelegnen Gegenden der Stadt mit Wasser anfüllen, Speicher und Waarenlager überströmen, in die hier größtentheils bewohnten Keller eindringen und so manche Familie aus ihrer Wohnung vertreiben und ihr Eigenthum wegschwemmen . . ." Weitere Einzelheiten über Fleete bei Heß, Teil 1, S. 129 bis 137.

[26] Endlich gewährt uns Coleridge einen Lichtblick. (Ein Bild des Jungfernstiegs gerade aus dieser Zeit gibt uns der „Geschichtsatlas" auf S. 26.) Er stimmt hier auch mit Menuret überein, der «après avoir gémi sur ces abus» (Menuret S. 40) dem Jungfernstieg uneingeschränktes Lob

zuteil werden läßt. Der Jungfernstieg war gerade (1797) durch die Anstrengungen der Senatoren Gabe und Westphalen umgebaut und auf annähernd 20 Meter erweitert worden. Dabei waren die alten Linden, die in einer Doppelreihe standen, gefallen und eine dreireihige Allee war angelegt worden. Diese angepflanzten Bäume wurden gestutzt, was Coleridge mißversteht. Im übrigen vgl. Heß, Teil 1, S. 432.

[27] Lindenbäume sind es natürlich und keine Ulmen. Der Irrtum wäre seinem Freunde Wordsworth nicht passiert. Dieser hat wohl unter allen Engländern am genauesten die Pflanzenwelt bedichtet.

[28] Heß erzählt uns (Heß, Teil 1, S. 433), daß der Schwanenaufseher jährlich 30 Mark und die Schwäne 48 Faß Hafer erhielten.

[29] Eine hübsche Beschreibung des Treibens auf der Alster: „Eine Menge kleiner Gondeln (Schouten) und einige Schiffe, die mit einem wohlausmeublierten Zimmer versehen sind (Archen), kreuzen fast an jedem schönen Sommernachmittag und Abend sowohl auf dem Alsterbassin in der Stadt (Binnenalster), als auch auf dem vor der Stadt, mit Menschen aus allen Ständen angefüllt, umher. Man pflegt denn auch auf diesen Gondeln zu Abend zu essen und bis spät in der Nacht Lustfahrt zu genießen. Mehrere dieser Lustschiffe schließen sich dann an einander und fahren in langen Reihen mit Musik und Erleuchtung umher und bilden von der Promenade des Jungfernstiegs aus einen herrlichen Prospect" (Minder, S. 105). Noch einmal sei auch auf das bereits erwähnte hübsche Bild von Suhr (Suhr-Heckscher Nr. XXV) hingewiesen. Auch Rede gibt uns eine ganz enthusiastische Schilderung der Fahrten auf der Alster und erwähnt, daß ein Boot nur einen Schilling pro Stunde kostet ("Sketch", S. 22). Dem schließt sich "Picture", S. 163, an, wo hervorgehoben wird, daß die Boote, für Stunden oder den ganzen Tag gemietet, billig sind.

[30] Auch den sogenannten Stuhlwagen hat Suhr (Suhr-Heckscher Nr. XXVII) im Bilde festgehalten. „Die ihn dort

benutzende Gesellschaft ist recht elegant." Dazu paßt die Bemerkung von Menuret: «Vous serez bien aise d'apprendre que les personnes les plus opulentes joignent et préfèrent souvent au triste et moëlleux carosse le dur et joyeux Stuhlwagen . . .» (Menuret, S. 51). Es hat zwei Sorten Stuhlwagen gegeben. Die eine besaß Federn, d. h. die Sitze waren auf diesen angebracht, während die andere, bei weitem zahlreichere, dieser Annehmlichkeit entbehrte. Besonders hervorgehoben wird die Geschicklichkeit der Kutscher, so daß trotz des großen Verkehrs wenig Unfälle vorkommen ("Sketch" S. 46). Wenn die Kutscher aber auch gut fahren, so verstehen sie auch gute Preise zu nehmen und sind „berühmt für ihre Neigung zu viel zu fordern" ("Picture", S. 119), womit sie allerdings bis zum heutigen Tage nicht allein als Kutscher dastehen. Der Preis pro Tag betrug zwischen 10 und 16 Mark, je nach Entfernung und Personenzahl.

[31] Ich bezweifelte, ob dies wirklich so allgemein war, wie uns die Schilderung von Coleridge annehmen läßt. Doch wohl höchstens in der Hafengegend. Daß es auch bei besseren Läden vorkam, beweist der Satz des fingierten Gespräches: „Merken Sie sich das Schild dort, das seine Ribbenstücke und Würste nach dem Leben zeichnet" (Schütze, S. 3).

[32] „An jeder Tür ist eine abgestimmte Schelle, welche dich beim Eintritt verwirrt und dir in die Ohren gellt." ("Sketch", S. 37.)

[33] Die Stelle lautet im Englischen: "fuming like a censer by a fishpool" also wörtlich „wie ein Weihrauchgefäß bei einem Fischteich rauchend". Sie hat mir Mühe gemacht, da ich eine mir unbekannte Redewendung vermutete, der ich auf die Spur kommen wollte. Die Lösung des Rätsels kam unerwartet, als ich einen Brief Coleridges aus Lübeck fand ("Letters", Bd. 1, S. 275), der beinahe Wort für Wort mit der Stelle in Satyrane's Briefen übereinstimmt, nur daß es heißt: "One man's long pipe rested on the table by the fish-dish". Also 1. Die ganze Szene hat sich in

Lübeck und nicht in Hamburg abgespielt. 2. Einer der Rauchenden hat gerade Fische gegessen. Daher das sonderbare Bild, das Coleridge benutzt, das aber in der von ihm gegebenen Form unverständlich bleiben mußte. — Übrigens wurden damals in Hamburg viel Karten (Whist usw.) gespielt, auch Hazardspiele, deren Einführung den Emigranten zur Last gelegt wird; ob so viel gespielt wurde, wie Coleridge erzählt, ist zweifelhaft. (Rambach, S. 214.)

[34] Im Adreßbuch für 1800 erscheint (S. 378) unter dem „Verzeichnis der vornehmsten Gasthöfe hieselbst: Wilde Mann, Hopfenmarkt". Das Haus trug die Nr. 84. Der Wirt hieß Johann Heinrich Germann. —

[35] Interessant ist in diesem Zusammenhang ein Brief, den Coleridge nach seiner Rückkehr nach England an seinen Freund Josiah Wade am 6. 3. 1800 schrieb, der ihn augenscheinlich wegen einer bevorstehenden Reise nach Deutschland um Rat gefragt hat: „Was nun die Gasthöfe oder Hotels in Hamburg angeht, so empfehle ich Dir, einen deutschen Gasthof aufzusuchen. Wordsworth und ich wohnten in dem Gasthof ‚Der Wilde Mann' (C. schreibt im Originale ‚Man'), und wenn es auch schmutzig war, so konnte ich doch, mit Ausnahme meines Aufenthalts in Lübeck, keinen Gasthof in Deutschland finden, der viel sauberer war. Willst du aber in einen englischen Gasthof gehen, so meide um Gottes willen das Haus ‚Shakespeare' in Altona und den ‚König von England' in Hamburg. Ich geben ihnen eher den Namen von Neppbuden (houses of plunder) als den Namen anständiger Häuser. Der ‚Herzog von York', der von einem Seemann geleitet wird, hat einen besseren Ruf . . . und ich rate Dir, Deine Rechnung jeden Morgen beim Frühstück zu berichtigen. Über den Charakter der Hamburger Großkaufleute kann ich nichts aussagen, aber die Handelsleute sind Schurken und Betrüger mit gelbweißen Fratzen, vor denen sich ein Talglicht verstecken muß." ("Biographia Epistolaris", Bd. I, S. 227.) Auch der Autor des "Picture"

Hamburg. Er findet kein einziges der Stadt würdig. Der Preis für Logis schwankt zwischen einer Mark und etwas über zwei Mark, wozu noch Bedienung kommt. ("Picture", S. 114.)

[36] Stimmt nicht zu der Angabe, nach der das Glockenspiel eine halbe Stunde um sechs Uhr und um zehn Uhr ertönte ("Picture", S. 65).

[37] Federbetten waren — und sind noch heute — ein Schrecken für die nicht daran gewöhnten Ausländer. Man höre: «... l'asile où le pauvre comme le riche va chercher un sommeil restaurateur, c'est une espèce de coffre à rebords très élevés, plus ou moins large, souvent très court, ou deux grands sacs remplis de plumes plus ou moins grossières suivant les facultés sont réunis, l'un sert de matelas, l'autre de couverture, c'est entre les deux que l'homme va s'ensévelir; vous n'avez pas de peine á concevoir qu'une chaleur incommode, une sueur forcée, une sorte de mollesse et d'affaiblissement en doivent être le résultat ordinaire, quand vous le jugerez plus facilement et vous serez étonné quand vous saurez que cette garniture de lit est la même pendant l'été que pendant l'hyver» (Menuret, S. 43). Auch Rede beklagt sich bitter über die Betten: „Sicherlich sind sie nicht geräumig genug. Daß man in ihnen zusammengeklappt, Hacken und Hals beieinander, liegen und zwischen zwei Federbetten schwitzen muß, sind genügende Ursachen, um ganz außerordentliche Resultate zu zeitigen" ("Sketch", S. 66). Er schreibt ihnen die vielen Krüppel zu. Wenn man an die englische, resp. französische Art des Schlafens zwischen Laken gewohnt ist, sind Federbetten, und namentlich schlechte, schwere, einfach unerträglich. Aber auch der eingeborene Arzt findet die Hamburger Betten nicht gut: „Man senkt sich Winter und Sommer in eine Last von Feder Betten; und so kühn man in den verschiedenen Jahrs Zeiten die Kleidung verändert, so ängstlich, oder vielmehr so sorglos, kriecht man in den Hunds Tagen wie um Weihnachten in die Federn ... Unsere vornehmern Stände bedienen sich

urteilt in sehr ungünstigem Sinne über die Gasthäuser in indeß jetzt mehr pferdehärner Matratzen, und leichter wollener oder mit Baumwolle ausgestopfter Decken, denen nur im Winter ein leichtes Küssen von Eider Dunen substituiert wird" (Rambach, S. 210). Er bedauert auch (l. c. S. 409), daß die Kranken in den Krankenhäusern nicht an andere Betten zu gewöhnen sind. Ich möchte daran erinnern, daß in der alten Lokalposse „Der Bookesbeutel" sich Grobian darüber beschwert (Akt 1, Szene 5), daß in ganz London kein Federbett zu haben sei.

[38] Victor Klopstock (1744—1811) lebte in Hamburg. War ursprünglich Kaufmann. Er gab die „Hamburgische Neue Zeitung" und die „Adreßkomptoirnachrichten" heraus.

[39] Christoph Daniel Ebeling (1741—1817), nachher auch Bibliothekar der Stadtbibliothek, war damals Professor der Geschichte und der griechischen Sprache am Hamburger akademischen Gymnasium. Seine mit den Jahren zunehmende Taubheit hatte ihn gezwungen, die ursprünglich eingeschlagene theologische Laufbahn aufzugeben. In einem nicht übersetzten, weil sonst nicht zur Sache gehörigen, Abschnitt wird Ebeling von Coleridge als besonders liebenswürdig und freundlich bezeichnet.

[40] Coleridge beabsichtigte, eine ganz umfassende Biographie von Lessing, oder richtiger, eine erschöpfende Literaturgeschichte Deutschlands in der Lessingschen Epoche mit diesem als geistigen Mittelpunkt zu schreiben. Schon die Stellung des Themas zeigt die unglaublich übertriebene Schätzung, die Coleridge von seinen eigenen Kräften hatte. Daß die Arbeit nie zur Ausführung kam, ist kaum nötig zu erwähnen. — Hier folgt im Text eine längere physiognomische Betrachtung, die ausgelassen worden ist.

[41] Die Textstelle: "Patience at a German ordinary, smiling at time" ist eine scherzhaft gedachte Umstellung der Zeilen: "Like Patience on a monument smiling at grief" aus „Was ihr wollt", Akt II, Szene 4.

[42] Der gute Coleridge aß in dem billigsten der schlechten Gasthöfe, wo ("Picture", S. 115) das ganze Essen, inklusive ein viertel Liter Wein eine Mark kostete, und erlaubt sich ein abschließendes Urteil über die Hamburger Küche. Es ist natürlich hier nicht möglich, auch überflüssig, eine Ehrenrettung der Hamburger Küche vorzunehmen. Das hat für eine nur wenig spätere Periode bereits Heinrich Heine getan. Hier müssen einige wenige tatsächliche Angaben genügen. Zuerst noch ein paar Worte über die damaligen Hotels. Die erwähnte Liste von Speisehäusern führt deren achtzehn auf. Die Preise schwanken zwischen zwei und eine halbe Mark und, wie erwähnt, eine Mark mit Wein. In einigen besonders feinen Häusern, so im „Englischen Hotel" am Alten Steinweg, wird à la carte serviert. Letzteres ist eine Mode, die die Emigranten eingeführt haben. Die Table d'hôte besteht ("Picture", S. 117) aus drei Gängen und Nachtisch. Es gibt auch, von den Emigranten installiert, Restaurants, die nicht zu den Gasthäusern gehören, wo man à la carte ißt. Als Getränke kann man rote und weiße Weine zwischen einhalb Mark bis zwei Mark, auch deutsche und englische Biere haben. Interessanter als das Essen in öffentlichen Lokalen ist diese Funktion in den Privathäusern. Minder, der uns beschreibt, wie die Mahlzeiten im Hause eines reichen Hamburgers der Zeit sich folgen, zeigt uns, auf wie solider Grundlage sich Hamburgs Größe aufbaut. „Du verläßest kaum morgens den Thee und Kaffetisch, so erwartet Dich ein sehr delikates Frühstück mit den trefflichsten Weinen, mit englischem, holländischem oder schweitzer Käse, und bist Du ein Freund von Theetrinken, welches fast alle Hamburger in einem sehr hohen Grade sind, so steht auch dieser wieder um 12 oder 1 Uhr für Dich da, wogegen Du aber die Mittagsmahlzeit erst um 3 oft auch 4 Uhr einnimmst. Nachmittags nach dem Kaffe wird oft wieder eine kleine Collation von Schinken, kaltem Braten u. s. w. aufgetischt, bis Du endlich Abends um 9 oder 10 Uhr zur wohl

besetzten und besonders mit fremden Weinen wohl versehenen Abendtafel eilst". (Minder, S. 64). Das klingt doch etwas anders als die dürren Worte von Coleridge. Als Gegenstück hören wir, wie es in einem Landhause zugeht. Der Ort der Handlung scheint, obgleich nicht ausdrücklich bemerkt, das Landhaus des großen Sieveking zu sein. „Statt einen Fremden obenan zu setzen, was sein Vergnügen nicht um ein Haar breit erhöhen kann, sucht man von ihm zu erfahren oder zu errathen, bei wem er am liebsten sitze. Man giebt ihm die angenehmste Gesellschaft, und das ist die oberste Stelle. Die Tafel ist gut, fein und reichlich, aber nicht übermäßig besetzt. Bei Tische wird, nach der vernünftigen französischen Sitte, von allen Schüsseln zugleich gegessen. Jeder nimmt sich oder läßt sich geben, von welcher Schüssel er will; und so wird es möglich, daß eine Gesellschaft von 40 Personen in einer Stunde abgegessen haben können, wenn sie wollen. Jeder fordert sich Wein, welchen er will, und theilt denen mit, die mit ihm gleichen Geschmack haben. Jeder macht den Wirth, mit der Schüssel, die er vorlegt, und mit der Bouteille, die er sich geben ließ. Jeder steht vom Tische auf, geht zu einem Andern, zu Mehreren, zu Allen, wie es ihm einfällt, und so lange es ihm gefällt. Jeder verläßt den Tisch ganz, wann es ihm gefällt". (Ewald, S. 288). Das ausführlichste, so wie mir bekannt, Kapitel über das Essen der Zeit gibt uns Rambach in einem 80 Seiten umfassenden Abschnitt. Er verteidigt die Hamburger (S. 89 u. folgende) gegen den Vorwurf der Völlerei. Er betont den starken Verbrauch von Fleisch. Die Zahlen für 1799 sind interessant. Man kann sie leicht mit dem heutigen Konsum vergleichen, wenn man daran denkt, daß Hamburg damals rund 120000 Einwohner hatte. Es werden geschlachtet: 13020 Ochsen, 16410 Kälber, 16105 Schweine, 10136 Hammel, 3862 Lämmer. Wildbret ist teuer und rar. Von Geflügel gibt es alles gut, außer Tauben. Er gibt eine, nach Lichtenstein verbesserte, Liste der vorkommenden Fische: 64 Seefische und 58 Flußfische, von denen aber nur 27 auf den Markt kommen. Der Hering erschien 1770 zum ersten Male nach langer Zeit in großen Mengen. Die alte Verfügung wird noch jährlich zweimal verlesen, daß ein Hausherr seinem Gesinde nicht mehr als zweimal wöchentlich Lachs zu essen geben darf, doch bezieht sie sich auf gesalzenen, nordischen Lachs, der früher viel verzehrt wurde. Krebse, Austern und Hummern finden ehrenvolle Erwähnung. Die Hamburger, besonders die wohlhabenden Kreise, essen überraschend wenig Brot. Bei den ärmeren Volksklassen sind Mehlklöße sehr beliebt; man gibt sie schon ganz kleinen Kindern. Gemüse ist vortrefflich. Auffallend ist die Bemerkung, daß man Spargel zu allen Jahreszeiten haben kann. Kartoffeln, von denen man besonders die bessere, blaublühende Sorte nach Aufmunterung durch die Patriotische Gesellschaft seit 1765 anpflanzte, sind reichlich und, verglichen mit anderen Teilen Deutschlands, besonders gut. Er nennt sie „Hesperiden Äpfel der Armuth". Obst ist mäßig gut. Feine Obstarten kommen aus dem Ausland; Apfelsinen sind mitunter häufig. Nur Erdbeeren gibt es 4 Wochen lang im Überfluß. Erwähnt wird, daß auch die „Bik Beeren" ein beliebtes Gericht mit Milch sind. In seinen wesentlich kürzeren Angaben stimmt Menuret mit seinem deutschen Kollegen überein, nur erzählt er die Geschichte vom Lachs und bezieht sie auf frischen Lachs. (In Hamburg wird sie meist in der Form berichtet, daß man den Dienstmädchen nicht öfter als zweimal in der Woche Stör zu essen geben durfte. Ein interessanter Fall von Mythenbildung!). Das Wildbret findet er ziemlich häufig (S. 44). Auch ihm fällt auf, daß die Hamburger wenig Brot essen. Das häusliche Leben ist frugal, die Gesellschaften sind üppig. Übrigens betonte Rambach, daß es bei den Gastereien zwar vielerlei, alles aber in sehr geringen Mengen gäbe.

So, Coleridge ist widerlegt.

[48] William Wordsworth.

[44] Klopstocks eigentliches Wohnhaus lag Königstraße. Er bewohnte, wie viele Hamburger, ein Sommerhaus, das für ihn um so wichtiger war, als seine leidende Gesundheit ihm das Reisen unmöglich gemacht hatte. Das Haus lag vor dem Dammtor. Der „Hamburgische Garten-Almanach" für 1797 (S. 19) führt als achtes Haus: „Legationsrath Klopstock Nr. 465" auf. Übrigens besaß auch der Bruder Victor Ludwig K. ein derartiges Haus („Garten-Almanach" S. 22) und zwar „Bey der alten Rabe".

Die Situation des Häusleins scheint unsern Engländern wenig gefallen zu haben. Der Zufall kann man wohl sagen, denn derartige Szenerien aus der Zeit sind selten von Künstlern zum Vorwurf genommen worden, hat uns den Stich: «Vue d'une Promenade de Hamburg hors du Dammthor dedié à Monsieur Jean Albert van Sienen Bourgemaître de la ville d'Hambourg par son très humble serviteur J(aques) de Foisse, Hambourg 1783» geschenkt, der die Gegend genau so wiedergibt, wie sie Coleridge schildert. Hier sei erwähnt, daß das Staatsarchiv auch einen handschriftlichen „Plan der Gegend vor dem Dammthor mit darauf entworfener Eintheilung des unurbaren Landes" von dem Geometer P. G. Heinrich besitzt. Datiert 28. 12. 1811. Größe 33×40 cm. Auf diesem Plane finden wir eine ganze Anzahl der in dem „Garten-Almanach" von 1797 verzeichneten Namen wieder, während natürlich der Name des inzwischen verstorbenen Dichters fehlt. Der „Garten-Almanach" hat vor der Aufzählung der Hausbesitzer folgende Einleitung: „Dammthor. Auf der linken Seite befindet sich in dem äussersten Glacis des Walles ein Spaziergang, der bis zum Altonar Thor geht: er ist sehr romantisch und wird gewöhnlich der philosophische Gang genannt. Gleich rechter Hand auf Drusen Hof und Garten:" Dann folgten die Namen der Hausbesitzer. Von Romantik ist wenig in dem Aufsatz von Meyer (Skizzen Heft 6, S. 312) zu merken: „Unmittelbar unter den Augen der Stadt lag vor dem Damthor noch vor wenig Jahren, und liegt grösstentheils noch jetzt, eine ansehnliche Fläche von ein und zwanzigtausend Quadratruthen, unbebauet, halb ein Eigenthum der Kammer, und halb Weideland des Klosters Johannis. Hier, eine weite mit Gruben zerlöcherte Sandsteppe, dort, ein Sammelplatz des Stadtunraths, ein Schindanger sogar; auf der anderen Seite eine magre Gemeinweide mit dürrem Heidegrase überwachsen. Ein trauriger Anblick!" Von dem Garten Klopstocks haben wir eine ganze Anzahl Beschreibungen, von denen hier nur die freundliche Plauderei von Ewald (S. 106) erwähnt sei. Nach ihr war der Garten wohl lieblich, besaß eine Laube, von der man eine schöne Aussicht „auf die helle, reinliche Alster" hat, war aber nicht sehr groß. Allerdings standen drei Linden in ihm, die „in der Blüthenzeit mehr Duft ausströmten, als die Nasen von hundert der unmäßigsten Schniffler aufzehren könnten." Die heutige Klopstockstraße liegt in der Gegend des Gartenhauses.

[45] Werden wohl Ulmen gewesen sein.

[46] Dazu Brief von K. an Heinrich Friedrich Füger vom 15. 8. 1798: „Ihre vortrefflichen Zeichnungen hängen, seitdem sie unter Glase sind, in dem Zimmer, in welchem ich Fremde sehe und worin ich jetzt öfter, als sonst bin." Klopstock schreibt des weiteren, er will die Zeichnungen als Prüfstein für den Kunstgeschmack besuchender Fremden benutzen, von denen einige kommen nicht um ihn zu „sehn" sondern zu „besehn." (Doering, S. 281). Wordsworth schreibt in seinen Noten richtig: Darstellungen aus dem „Messias".

[47] Ich nehme an, daß es sich um eine der Büsten des Bildhauers Landelin Ohmacht handelt. Dieser hatte wenige Jahre zuvor verschiedene angefertigt. Deren eine ist in der Kunsthalle. (Vgl. Brinckmanns Aufsatz.)

[48] „Klopstock hatte um die Lippen einen sehr freundlichen Zug, der nichts weniger, als eine von vielem conventionellen Anlächeln natürlich gewordene Mundfalte, sondern der wahre Abdruck seines immer nur im Sonnenschein wandelnden Geistes war, und seiner durch fleißige Runzeln

abgespannten Physiognomie, verbunden mit dem nie erlöschenden Feuer seiner Augen, mehr Kraft und Haltung gab, als der Kopf eines Greises wohl sonst zu haben pflegt ... zumal da er ein sehr spitzes Kinn und viel Muskelbewegung in der Nase hatte." (Böttiger im „Taschenbuch der Minerva" zitiert nach Doering, S. 329).

49 „Mein Freund W... und ich besuchten ihn in seinem Garten an der Alster und ich fand an ihm, trotz eines gewissen kränklichen Ansehens, was er hat, und seiner geschwollenen Beine, einen äußerst heiteren scherzhaften Mann." (Ewald, S. 105).

50 „Hieraus ensteht die besondere Mischung von Majestät und Kindlichkeit, von Seltenheit und Gewöhnlichkeit in seinen Zügen, Anstande und Gebehrden; wodurch es fast unmöglich wird zu bestimmen, ob mehr Naives oder Feyerliches, mehr vom Kinde oder vom Helden in seinem Wesen ist." (Baggesen, S. 50).

51 Der französische General Jean Joseph Amable Humbert war Teilbefehlshaber der zweiten Französisch-Irischen Expedition im Jahre 1798. Er landete am 6. August mit etwa 1100 Mann bei Killala, verlor davon 200 und mußte sich am 9. September Lord Cornwallis, der an der Spitze von 15000 Mann stand, ergeben. Die dem General Humbert von seiner Regierung mitgegebenen Instruktionen wurden von den Engländern, in deren Hände sie fielen, gedruckt. — Es handelt sich um eine der größten der zahlreichen irischen „Rebellionen". Weiteres (außer in "Nouv. Biographie Universelle" — ungenaue Daten —) in der "Political History of England" by William Hunt, Bd. 10, S. 413/6.

52 War bereits bei Aboukir (am 1. September) in der Tat erfolgt. — Nelson hat später Klopstock besucht. K. berichtet am 27. 12. 1800 an Gleim: „Ich habe Nelson kennen gelernt; er ist ohne alle Ansprüche oder (da ich von ihm rede, muß ich mich anders ausdrücken) er läßt sich nie zu Ansprüchen herunter. Er hat eine vielleicht sehr schwer zu malende

Heiterkeit, die zuweilen ein wenig lächelnd wird. Mylady Hamilton war oft meine Dolmetscherin. Sie spielte in einer kleinen Gesellschaft Antiken, Niobe und mehrere, diese schweigend, Nina aber singend. Sie sagte zweimal garnicht leise, daß sie für mich spiele. Ich werde den Abschiedskuß der Zauberin nicht vergessen." (Nach „Familien Bibliothek der Deutschen Classiker", Hildburghausen und Amsterdam 1842, S. 162/3).

53 Glover (Richard), ein englischer Dichter, einst nicht selten gepriesen, heute durchaus vergessen. Er publizierte „Leonidas" (1737) und „Athenaid" (1787). Der freimütige "Dictionary of National Biography" bemerkt, daß seit 100 Jahren niemand imstande gewesen ist, eines dieser Epen zu lesen. Auch ein Epos "London or the Progress of Commerce" (1739) hat er fabriziert. Eine Ballade "Hosier's Ghost" wird als noch heute lesbar bezeichnet. Seine „Boadicea" wurde 1753 neunmal in Drury Lane aufgeführt. Lebte 1712—1785. Klopstocks Urteil ist einfach unverständlich. Das Erstaunen von Coleridge und Wordsworth ist wirklich berechtigt. Allerdings hatte Klopstock bereits in seiner bekannten, uns erhaltenen Abschiedsrede von Schulpforta vom 21. September 1745 Glover erwähnt und sich Gestalten aus der „Boadicea" zum Vorbild im „Hermann" genommen.

54 Nach Muncker hat Klopstock Milton zuerst in der schlechten dem Versmaß des Originals nachgebildeten Übersetzung von Ernst Gottlieb von Berge (1682) und später in der von Bodmer (1732) gelesen.

55 Über englische Übersetzungen des „Messias" ist mir folgendes bekannt. Den ersten Versuch scheint Frau Mary Collyer gemacht zu haben, die aber schon 1763 starb. Das Werk wurde von ihrem Ehemann Joseph Collyer, genannt der Ältere, wahrscheinlich noch in ihrem Todesjahr herausgegeben. Diese Übersetzung umfaßt die 16 ersten Gesänge. Sie wurde 1811 von der Romanschriftstellerin Mary Meeke vollendet. Eine zweite Ausgabe kam 1821 heraus. Eine Übersetzung der letzten fünf Gesänge publizierte der Geistliche

Der Pinneberger Correspondente.

Oder:

Nelson, der kühne und starke Held.

Montag, den 1 October, 1798. Kostet 4 ßl. No. 10.

Thomas Raffles 1814 mit Widmung an die Königin Charlotte. Sie erschien im folgenden Jahre in neuer Auflage in drei Duodezbändchen. Auch ein Sprachlehrer, Georg Heinrich Christoph Egestorff, der von 1825 bis 1828 am Johanneum angestellt war, veröffentlichte eine Übersetzung in vier Teilen (Hamburg 1821 und 1822), "Messiah a Poem in 20 cantos". Neue Ausgabe 1826. Schließlich fand ich noch den Titel: "Elegant Extracts from Klopstock's Messiah, selected and translated from the German." 1810 in 12°. — Ich weiß nicht, ob meine Angaben vollständig sind.

[56] Eine Lieblingsidee von ihm, die sehr oft in seinen Gesprächen mit Besuchern erwähnt wird.

[57] Wie Coleridge dazu kommt, St. Michael als einen Schutzpatron von Hamburg anzusehen, weiß ich nicht. Vielleicht wegen der Michaeliskirche? — Allerdings heißt es in der Bugenhagenschen Kirchenordnung (Übersetzung von Ed. Mönckeberg, Hamburg 1861, S. 56). „Diese Tage sind ganz zu feiern .... dann Michaelis als Vierzeiten Fest, um zu bringen das Vierzeiten Opfer in den allgemeinen Schatzkasten, auch den ganzen Tag zu feiern." Die Senatsverordnung, nach der man sich damals in bezug auf die Art des Feierns zu richten hatte, erscheint mir die, welche in der „Sammlung der Hamburgischen Gesetze u. s. w.", Teil XII, Hamburg 1773 abgedruckt ist. Ihre acht Hauptpunkte sind: Jedermann soll dem Gottesdienst beiwohnen, gänzliche Einstellung der Handelsgewerbe und der Handarbeit, Schließen aller Kram- und Kaufbuden „unter dem Gottesdienste, und bis nach Endigung desselben, nicht weniger der Verkauf aller Feilschaften auf den Gassen" ist verboten, kein Zulassen von Fremden in Wein-, Bier-, Branntwein-, Thee- und Kaffeeschenken während des Gottesdienstes, Schließen aller Tanzböden und ähnlicher Veranstaltungen, Verhütung allen Lärmes, Viehverkauf und Viehbesehen nur in den Ställen, und schließlich: „daß vorzüglich am selbigen Tage (besonders für den Karfreitag

geltend) kein Jude bei 50 Rthlr. Strafe sich erdreisten solle, etwas feil zu bieten, oder sonst öffentlich ein Gewerbe zu treiben, oder spatzieren zu gehen, oder mit Tobaks-Pfeifen vor der Thür zu sitzen". — Diese strenge Verordnung ist sichtlich nicht immer gehalten worden, denn das Mandat vom 23. August 1800 „Die Feyer der Sonn- und Festtage betreffend" moniert u. a. das Kegelschieben, Feilbieten von Waren von Juden, Leichenbestattung mit Geläut u. a. m.

[58] Sich nach etwa 10tägigem Aufenthalt (der 29. Sept. ist St. Michael geweiht) ein Urteil über das religiöse Leben einer Stadt, deren Sprache man nicht versteht, zu erlauben, ist ein Mittelding zwischen Arroganz und Dummheit. — Wer etwas über das religiöse Leben der Zeit aus guter Quelle zu lesen wünscht, kann nach meiner Meinung nicht besser tun, als die von einem Geistlichen verfaßten „Briefe über Hamburg" zur Hand zu nehmen. Allein der wirklich interessant geschriebene Abschnitt über den bekannten Streithahn, Hauptpastor Goeze, macht das objektiv und angenehm geschriebene Buch lesenswert.

[59] Die Aufzeichnungen sind im Original erhalten und "Life", Bd. 1, S. 171 bis 177 mitgeteilt. Die Abweichungen im Coleridge'schen Transcript — obgleich vorhanden — sind weder wichtig noch zahlreich genug, um den Abdruck, resp. die Übersetzung hier zu rechtfertigen. Besonders sei jedoch darauf hingewiesen, daß auch schon vorher mitgeteilte Beobachtungen von den Besuchen bei Klopstock auf Wordsworth' Aufzeichnungen basieren.

[60] Der Bühnenschriftsteller Richard Cumberland (1732-1811) hat im Jahre 1792 ein Gedicht „Calvary" veröffentlicht. Wohl durch eine außerordentlich günstige Kritik — Cumberland vereine die Vorzüge von Shakespeare und Milton — von Dr. Drake erlebte das Buch bis 1811 sieben Auflagen.

Das Hauptverdienst von Cumberland in der Literatur besteht in der Tatsache, Sheridan in seiner "School for

Scandal" Material für gute Scherze gegeben zu haben, da er das Original des Sir Fretful Plagiary ist.

[61] «A la Fortune.» Liv. II, Ode VI. Ausgabe von 1820, S. 121. .

[62] Der ebenso kunstvoll aufgebaute wie klangschöne "Song for Saint Cecilia's Day" (1687), eine Verherrlichung der Musik, ist in fast allen englischen Anthologien, u. a. in deren bekanntester: "The Golden Treasury" von F. T. Palgrave abgedruckt.

[63] Der noch heute sehr geschätzte Dichter William Cowper lebte von 1731—1800. Von seinen ergreifenden Gedichten sei nur "My Mary" als eines der schönsten erwähnt.

[64] Übersetzung von Sotheby vom Jahre 1798.

[65] Die Oden von William Collins (1721—1759) waren im Winter 1746/47 erschienen. Außer durch diese wurde er bekannt durch seine "Persian Eclogues" von 1742. Von seinem kurzen Leben brachte er eine Anzahl Jahre in geistiger Umnachtung zu. Seine Gedichte, voll klassischer Anspielungen, entsprechen wenig dem modernen Geschmack, werden aber doch noch heut geschätzt und, wenigstens einzelne von ihnen, gelesen.

[66] Obgleich Thomas Gray (1716—1771) zu den bedeutendsten englischen Dichtern gezählt wird, dürfte es viele Engländer geben, die auch nicht mehr von ihm wissen, als daß er eine "Elegy Written in a Country Church-Yard", welche zu den Paradestücken jedes Schulbuches gehört, geschrieben hat.

[67] Dafür gelten sie wohl heute noch.

[68] Ich habe mich selbstverständlich bei den erwähnten deutschen Dichter- und Philosophennamen jeder Anmerkungen enthalten. Hier möchte ich nur zur Ergänzung einfügen: Einer seiner Freunde, der ihn im Jahre 1792 über diese Materie und zwar entscheidend sprechen hörte, fragte den Dichter, ob er alle Werke Kants gelesen habe. „Ich habe sie studiert", sagte Klopstock, lebhaft von seinem Stuhl aufspringend, „sonst würde ich nicht so sprechen." (Nach Archenholz, "Minerva" 1803, S. 115).

Bemerkungen zu den Bildern.

I.

Das Bild vom Hopfenmarkt.

Der Stecher ist Johann Marcus David, dessen Blätter heute von den Sammlern so sehr gesucht werden, obgleich das Hamburgische Künstlerlexikon über ihn urteilt: „Er malte Historie und Portrait, und lieferte in den letzten Jahren viele, sehr nachlässig gearbeitete Hamburger Ansichten, zum Theil illuminierte Holzschnitte, die jedoch das Verdienst der Ähnlichkeit haben." — Heckscher und Kowalewski haben (Mitteilungen 1904) die dürftigen Daten, die wir über das Leben Davids (1764-1811) haben, und sein Werk zusammengestellt, so daß ich mich mit diesem Hinweise begnügen kann. Unser Bild ist dort als Nr. 42 beschrieben „auf dem Hopfenmarkt in Hamburg. J. M. David fec. 1800. Farbige Radierung H. 20,2. B. 24,9 — Es kommen auch nichtfarbige Exemplare vor".

Die Darstellung zeigt uns außer dem im Text erwähnten Kirchturm mit seinem eigenartigen Schmuck auch — links — die von Coleridge bewohnte Herberge.

Heß (Teil 1, S. 388 bis 393) gibt uns eine sehr anschauliche Schilderung des damaligen Hopfenmarktes, die ich wenigstens im Auszug bringen will: „An keiner Stelle in der Welt kann des Gewimmels von Menschen leicht mehr sein, als auf diesem Hopfenmarkt, besonders an Markttagen . . . Alle Arten von Lebensmitteln sind hier feil. Schwarzes und weißes Brodt, Gewürzwaren, allerlei Fleisch von vierfüßigem Schlachtvieh und Gevögel, Wild, geräucherte Sachen, Butter, Käse, Flußfische, Seefische, Bachfische, allerlei Obstarten nach der Jahreszeit in Menge, Kräuter, Erdgewächse im Überfluß, werden hier feilgeboten und gekauft. ... Die auf ihre Geschäfte aufmerksamen Fußgänger, die mancherlei Fuhrwerke, Karrenschieber und Lastträger, die vielen Verkäufer und Verkäuferinnen, mit ihren Buden, Tischen, Stühlen, Körben, die Käuferinnen und Käufer mit ihren mitgebrachten Gefäßen; dieß ganze Gemenge engt den nur etwa 420 Rheinländische Quadratruthen enthaltenden Marktplatz so sehr ein, daß in den Stunden des Kaufs und Verkaufs in diesem Gedränge nur wenig Raum für jede Person übrig bleibt ... Der Hopfenmarkt hat einen besonderen Marktvogt für sich allein ... Der erste Haupthandel, der auf dem Hopfenmarkt vorging, geschah mit Hopfen, der von dem Hopfenthor hierher verlegt wurde; daher auch noch ein der Kammer zuständiges Haus daselbst hinter dem neuen Schrangen der Hopfensaal genannt wird ..." — Wie der Markt und die Kirche im Jahre 1842 bekanntlich ein Raub der Flammen wurde, ist ganz vorzüglich in der „Hamburgischen Chronik" des Dr. Gallois im vierten Bande beschrieben. Übrigens entzündete sich der Turm (l. c., S. 916) an einer der erwähnten Kugeln durch Flugfeuer.

II.

Seite aus dem Adreßbuch.

Die reproduzierte Seite mit der eigentümlichen Eintragung des Namens ist aus dem Werke „Neues Hamburger und Altonaer Adreß-Buch auf das Jahr 1794. Hamburg, bey Hermann am Fischmarkt." In der mitgeteilten Form erscheint der Name des Dichters auch in den Jahrgängen 1792, 1793 und 1795. In den vorhergehenden Jahrgängen fehlt sein Name und nur der seines Bruders Victor ist verzeichnet.

Vielleicht wollte aber der große Dichter nicht im Adreßbuch eingetragen sein, das damals als noch eine sehr neumodische Anstalt angesehen wurde, die sich keineswegs allgemeinen Beifalls erfreute. Ich möchte die nötigsten Daten zur Geschichte des Hamburger Adreßbuches geben, damit man sieht, wie zögernd und schwer sich die für uns ganz selbstverständliche und unentbehrliche Institution durchgesetzt hat. Das erste Hamburger Adreßbuch erschien 1712 unter dem Titel „Jetzt belebtes Hamburg oder Aufrichtig und wolgemeinte Nachricht derer Nahmen / Characters und Wohnungen so wol aller auswertigen Hohen Puissancen anhero gesandten hoch-ansehnlichen Ministrorum als auch derer itziger Zeit sich hier befindenden Standes-Persohnen / Ingleichem etc. etc." Es erschien im Mai 1712. Sein Verfasser war ein Nicht-Hamburger, namens Johann Melchior May, Jur. Pract. Es gibt eine verbesserte Ausgabe vom gleichen Jahre, vielleicht auch eine Ausgabe vom Jahre 1713. (Über das interessante, höchst seltene Werk demnächst an anderer Stelle mehr.) Von einem anderen Verfasser, Arnold Christian

Beuthner, Vicar an der Domkirche zu Hamburg (1689—1742), haben wir vom Jahre 1722: „Jetzt lebendes Hamburg oder vollständige Nachricht von den Namen etc." Dieses Buch steht, zumindestens drucktechnisch im engsten Zusammenhang mit seinem Vorgänger. Es erschien 1723 und 1725 in neue Ausgaben, die insofern erweitert waren, als sie als nach dem Titel „anbey von der Zeit der Aufrichtung der ansehnlichen Collegiorum, Deputationum, plubliquen Gebäuden u.s.w. Nachricht ertheilet wird." Die Zahl der nachgewiesenen Namen ist von rund 700 auf rund 1400 in den vier Jahren gestiegen. Den bisher aufgeführten Büchern ist gemeinsam, daß sie vor allem die Standesherren und Beamten berücksichtigen, dazu die Geistlichen, Ärzte, auch die „Raths-Musici" und „Frantzösische Sprach-Meister" auch „Tantz-Meister", während die Kaufleute nur in soweit aufgenommen wurden, als sie ein Amt bekleideten.

Im Gegensatz hierzu steht der „Almanach für Reisende" von J. N. C. Buchenröder aus dem Jahre 1782, der "Medicinae Doctores" (diese ohne Adresse), die Apotheken (teilweise) und „Das Hamburgische Commercium oder vollständiges alphabetisches Verzeichniß aller Hamburgischen Kaufleute" (etwa 750 Namen mit Adressen) bringt. Hier wird also das Hauptgewicht zum ersten Male auf die Kaufleute gelegt. Eine Erweiterung des Gedankens dieses letzten Buches war „Neues Hamburgisches Adres-Buch auf das Jahr 1787", mit dem wir die ununterbrochene Reihe der noch heute bei Hermanns Erben alljährlich erscheinenden Bücher erreichen. Der erste Band brachte immer tunlichst drei Angaben, nämlich den Namen, die Wohnung oder das „Comtor" und „die Banco Conto". Aus der Einleitung: „Ich habe bey gegenwärtigen Adreß-Buche auf alle Rücksicht genommen, sie mögen große oder kleine Handlung haben, so gar habe ich Brauers und Beckers mit angezeigt; weil ich überzeugt bin, das sie mit den größern Kaufmann in Handel kommen, und folglich auch einer Anzeige würdig sind".

Der folgende Jahrgang nannte sich stolz „Neues und sehr verbessertes Hamburgisches Adreß=Buch auf das Jahr 1788, Hamburg, bey Hermann am Fischmarkte". Das Buch fügt den drei Spalten des vorigen Jahrganges noch eine vierte: „Art der Handlung" hinzu. Eine vollständige Eintragung lautet: „Godeffroy, Joh. Cesar & Cp. — alten Wandrahm — Kaufleute — (Banco Conto) Joh. Cesar Godeffroy". Es hat allermeistens „ein Jeder seine geehrte Addresse selbst geschrieben". Der Herausgeber beklagt sich bitter, daß ihm Viele die erbetene Auskunft verweigert haben. Eine Erweiterung bringt der folgende Jahrgang, der „Neues Hamburger und Altonaer Addreß-Buch auf das Jahr 1789" betitelt ist. Aus der Vorrede sei zitiert: „Was Altona betrift, so kommt es darauf an, wie es die Herren Altonaer aufnehmen. — Ihr Beyfall wird für mich Befehl seyn, und wollen Sie nur die Gewogenheit haben, mich etwas mehr, als dieses Jahr geschehen ist, in meinem Vorhaben zu unterstützen, so werde ich alles anwenden, es nicht allein richtiger, sondern auch vollständiger zu liefern". Außer den Kaufleuten sind auch andere Stände im Verzeichnis aufgenommen. Wir finden Namen wie Büsch, Reimarus u. a. Die Eintragung ist jetzt durch die Nummer des Hauses ergänzt. Die oben erwähnte Eintragung von Godeffroy lautet also wie im Vorjahre, nur mit dem Zusatz Nr. 103. Auch ist die Anlage des Buches verändert. Es besteht nicht mehr aus vier Kolonnen, sondern jeder Name hat fortlaufenden Text. Die Schwierigkeiten des Herausgebers in Bezug auf die Eitelkeit seiner Kunden wachsen. In der Vorrede des Jahrgangs 1790 sagt er: „Um den mir immerwährenden Vorwurf aus dem Wege zu schaffen: ich stehe zwischen Schneider und Schmidt, habe ich dieses Jahr einen Abschnitt mehr machen müssen, und habe im zweyten alle Handelnde genommen, sie mogten groß oder klein seyn . . . Man findet also im ersten Abschnitt den Hochweisen Rath, im zweyten Abschnitt alle Graduirte, Kaufleute, Macklers, Schiffer und Handelnde, sie mögen (wie ich schon erwähnt habe) groß oder klein seyn, im dritten alle Handwerker, Notarii und Künstler". Prophetisch sind die Worte des Herausgebers von dieser Einteilung „sie wird mir bey vielen Verdruß machen". Denn die Menschen haben ihren Ehrgeiz. Übrigens scheinbar auch die Straßen. Der gute alte „Dreckwall" ist wie die Westküsten bei Morgenstern, die auch nicht mehr gerne so heißen wollen. Die Bezeichnung „Dreckwall" findet sich nur in einer schamhaften Klammer verborgen neben „alte Wallstraße". Doch zurück zu den Menschen. Sie hatten jetzt ein so schönes sauberes Buch, auf 280 Seiten war es angewachsen, gab nicht nur die Nummer des Hauses, sogar auch die „Compagnie eines jeden Kirchspieles" . . . aber, in der dritten Abteilung sah es zu bunt aus: auf Herrn C. W. Abt, dessen nahrhaftes Gewerbe schlagwortkräftig in den zwei Silben „Rauchfleisch" zum Ausdruck kam, folgt J. J. Abrahams, der Herr Notarius vom Gänsemarkt, dann kommt Herr Adriansen, von dem es heißt, daß „Chocolade" sein Beruf war, und wenige Zeilen weiter folgt Herr Albrecht, „Lehrer in der engl. Sprache". Das konnte nicht gut gehen, und es ging nicht gut.

Der Herausgeber druckt in des folgenden Jahrgangs Vorrede einen Brief, der die Situation in kräftigen Worten, wenn auch nicht ganz nach dem damaligen Duden, schildert: „Mein Herr. Da Sie mich Verwichenen Jahr in ihr Addresse-Buch unter die Professionisten p— zu werfen gefällig gewesen und ich beobachtet, das Sie mich alle Jahr nach ihrer gemachten Ordnung, eine Stuffe niedriger Passiren lassen, so befürchte in den negst folgenden auf den Umschlag zu gerathen, Ersuche also mir gäntzlich aus ihrem Buche weg zu lassen, den ich nicht einsehe was Sie dazu berechtigt, einen Ehrlichen Mann zu beschimpfen und Classivication zu machen, den ich bin mit keiner Zumpft Verwand, auch niemals Zumpftmässig gewesen, und noch Gottlob, der selbe Mann, der ich von je her gewesen, Ich rathe Ihnen also nochmals mir nie wieder in ihren Buche zu setzen, den ein

Mann der 38 Jahr in Hamburg gewohnt, und alle Tage die Börse verrequentirt braucht ihre nachweisung nicht". Zum Beweise, daß es sich bei einem Adreßbuch nur um eine Sache der Convenienz und nicht der „Classivication" handelt, läßt der Herausgeber das mustergültige Adreßbuch von London kommen und stellt triumphierend fest: „da steht ein Directeur der Ost-Indischen Compagnie zwischen einen Packer und Schuster". Also jetzt kommt er zu folgender Einteilung:

„Erster Abschnitt:

Ein Hochedler und Hochweiser Rath.

Zweiter Abschnitt:

Gelehrte, Kaufleute, Krämer, Zuckerfabrikanten usw.

Dritter Abschnitt:

a) Staabs- und übrige Officire der hiesigen Besatzung. Verzeichniß der Künstler, die in diesem Jahre ihre Kunstsachen auf dem Einbeckischen Hause ausgestellt haben.
b) Verzeichniß der hiesigen Litzenbrüder, und Steinkohlen-Messer.
c) Verzeichniß der zum Theil sich hier befindlichen Miethkutschers und Pferde-Vermiethers.
d) Verzeichniß der Fracht-Fuhrleute, und wo sie einkehren.
e) Verzeichniß der Schifs-Gelegenheiten nach denen hier herum liegenden Orten.

Hiesige Sehenswürdigkeiten.

Anhang:

Personale der sämmtlichen Post-Aemter.

Mitglieder der hiesigen Schauspieler-Gesellschaft.

Dann folgen die Altonaer Addressen".

Ich weiß es wirklich nicht, ob der Geist des Herrn, der 38 Jahre in Hamburg wohnte und die Börse „verrequentieret" hat, in mich gefahren ist. Doch ich bin empört. Erst nachdem alle Briefträger, von „Raschke, bey dem Zuchthause" bis „Schlesselmann, Briefsteller beym Stadt-Post-Amt" aufgezählt sind, kommt die Eintragung: „Herr Schröder, Director in seinem eigenen Hause, von der Damthorstr. hinein an der Alster, im vormaligen Vauxhall".

Doch, lassen wir dem Geist des Herausgebers seine Ruhe und denken wir dankbar des Guten, das er uns geschaffen. So hat er, nachdem nur sein Urahn May „die hier sich befindenden Dames von Standes Personen" berücksichtigt hat, zum ersten Male auch Frauen in seinem Register aufgeführt: Elisabeth Reimarus ist wirklich keine schlechte Eröffnerin des Reigens. Ihr Name ist jedenfalls der erste Frauenname, dem ich im Adreßbuch von 1791 begegnete. Im Jahre 1792 wird zwar noch nicht der Wunsch des Herausgebers — nämlich „die hiesigen Mackler unter einen besonderen Abschnitt zu bringen" — erfüllt, wohl aber der unsere, den göttlichen Schröder näher der Sonne des Magistrats und weiter weg von den Briefbooten zu sehen. Es lautet die Einteilung so, daß gleich hinter den Steinkohlen-Messern und einigen Reiserouten das „Personale der Schauspieler" folgt. Die „Schiffs-Gelegenheiten" haben zwar das ihnen so notwendige F bekommen, rangieren aber weit hinter Schröder. Der Jahrgang 1793 bringt nichts Neues, enthält nur die alten Klagen des Herausgebers über mangelnde Unterstützung seitens des Publikums. Das Jahr 1794 ist dadurch merkwürdig, daß wir im fünften Abschnitt hinter „f) Hamburgische Merkwürdigkeiten" jetzt „g) Verzeichniß der Hamburgischen Gelehrten" finden. Die Folge der beiden Verzeichnisse auf einander ist aber Werk des Zufalls. „Nicht gebohrne Hamburger" sind mit einem Sternchen versehen. Es sind 75 Namen, unter denen 25 den Makel der Nichthamburgergeburt tragen. In der Liste der 75 finden wir alte Freunde, wie Heß und Meyer und Willebrand. Natürlich auch Klopstock, hier „Fürstl. Baad. Legationsrath", Reimarus, Büsch, Ebeling u. v. a. m. fehlen nicht. Auch — um alles gut zu machen — ist: „J. L. Schröder, Schauspiel-Direktor" aufgeführt. Als weitere Neuigkeiten sind Verzeichnisse der Gasthöfe, der Caffeehäuser und der Herbergen aufzuführen, neben der Ordnung der Haarburger Ever.

Im Jahrgang 1795 finden wir als vierten Abschnitt „Das Kloster St. Johannis" und hier werden außer der Jungfer Domina, der Demoiselle Margaretha Elisabeth Kißner die vollständige Liste der 26 Jungfer Beysitzerinnen gegeben. Auch hat das Buch den neuen französischen Kalender des dritten Jahres der Republik, der mit dem allgemeinen deutschen Reichskalender verglichen wird.

Dieselbe Einrichtung findet sich im Jahrgang 1796 und weiter dringt die holde Weiblichkeit (ob die Beysitzerinnen wirklich hold waren, weiß ich nicht; über ihre Functionen bin ich infolge mangelhafter Kenntnisse in der Klostergeschichte nicht unterrichtet) in das Adreßbuch. Einen ganzen Abschnitt erhalten „Witwen, die keine Geschäfte mehr treiben" und beinahe 8 Seiten umfaßt dies Kapitel. Dieser Jahrgang ist ferner dadurch beachtenswert, daß er der letzte ist, der eine Vorrede enthält. Das mag auch seinen guten Grund darin haben, daß der Herausgeber in dieser letzten Vorrede den Herrn Notarium Fischbach und außergerichtlichen Procurator bös angerempelt und deshalb einen gerichtlichen Verweis und Verurteilung in die Untersuchungskosten erhalten hatte. Zwar hatte der Herr Notarius Fischbach recht patzig erklärt „er habe nicht nötig zu sagen, wer bey ihm logire", dafür braucht man doch aber nicht so hämisch mit ihm umgehen, insbesondere wenn die Herren Notarii nicht gut auf den Adreßbuchmann zu sprechen gewesen sein werden, da er sie doch mit Bleigießern, Wundärzten, reitenden Dienern und ähnlichem Pack in die zunftmäßige Abteilung geworfen hatte.

Aus der folgenden Geschichte des Adreßbuches seien nur zwei Daten erwähnt. Erstens: im Jahre 1799 erhält das Buch das erste „Gassen"-Register und im Jahre 1877 seinen ersten

Concurrenten. Während aber das Gassenregister bis heute lebt, ist der Concurrent: „Neues Adreßbuch der freien und Hansestadt Hamburg für das Jahr 1877, redigiert und herausgegeben von Jérôme von Pereira" schon mit dem zweiten Jahrgang (1878) entschlafen. Ja, was in Hamburg festen Fuß gefaßt hat, ist schwer zu verdrängen. Das ist die beste Eigenschaft der Hamburger, die ich kenne.

III. und IV.

Zu den beiden Bildern aus dem „Pinneberger Correspondenten".

Der „Pinneberger Correspondente", dem ich zwei amüsante Stiche entnommen habe, gehört zweifellos zu den seltensten Hamburgensien. Ein vollständiges Exemplar, das ich einzusehen Gelegenheit hatte, findet sich in der Bibliothek des Vereins für Hamburgische Geschichte. Es stammt aus der Bibliothek des Sammlers und Forschers Heckscher, der es in einem im Staatsarchiv befindlichen Manuskript als, in dieser Vollständigkeit, Unicum bezeichnet. Obgleich man derartigen Angaben von Sammlern über ihre Objekte (wie den Katalogangaben der Antiquare mit dem gleich einem Faustschlag zwischen die Augen auf den Sprachgeist wirkenden Worte „Unicat") gegenüber eine gewisse Vorsicht walten lassen muß, glaube ich doch, daß Heckscher recht hat. Bisher habe ich wenigstens von keinem zweiten vollständigen Exemplar gehört.

Zur Vollständigkeit gehören 29 Nummern, deren erste ohne genaueres Datum als „Anno 1798" im Sommer dieses Jahres erschien, während die Zeitschrift am 3. April 1799 verboten wurde (Suhr, Heckscher, S. 17). Gedruckt wurde sie bei Johann Christian Trappe und fabriziert von zwei Individuen, Johann Jacob Klausius (Clausius) und Meyer. Nahezu jede Nummer ist mit einem Kupferstich versehen, deren Zotigkeit allerdings gelegentlich jede Grenze, die auch ein sehr freies Witzblatt doch schließlich einhalten muß, übersteigt. Trotzdem kann man den Stichen, über deren Verfertiger nur Vermutungen bestehen, Humor und Schneid —

ich glaube, das moderne Wort heißt: Schmissigkeit — nicht absprechen, während der Text ganz einfach geistige Jauche ist. Wie es immer derartige Blätter tun, kämpft es angeblich für Moral (hauptsächlich unter den Dienstboten beiderlei Geschlechts) und patriotische Gefühle (besonders gegen Napoleon und die Emigranten). Der Zweck mag, ganz oder teilweise, gut gewesen sein oder nicht. Von den angewandten Mitteln kann man nur, soweit es den überwiegend großen Teil des Textes betrifft, sagen: selbst wenn man keine empfindliche Nase hat, hier riecht es übler, als es je in den Straßen Hamburgs mit all' den modernden Katzen- und Hundekadavern gerochen haben kann. Doch der Historiker hat bekanntlich der Biene gleich, die Honig auch aus Giftblumen saugt, sein Material zu nehmen, wo und wie er es findet. Die Herausgeber klassifizieren sich wohl am besten selber, wenn man die letzten Zeilen der ersten Nummer betrachtet: „Diese Zeitung wird alle 14 Tage ausgegeben. Wenn jemand will was einrücken lassen, beliebe sich in Pinneberg im Zuchthaus zu melden".

Wenn die Zeitung quasi politisch ist, wirkt sie auf jeden Fall erträglicher. Die Nummer, der ich das Nelsonbild entnommen habe, hat etwa folgenden Inhalt: Den Anfang macht: „Buonapartens eigenhändiges Schreiben an die 500 Könige in Paris, vom 28. August". Es ist ein — selbstverständlich fingiertes — Schreiben, in dem Napoleon die Niederlage seiner Flotte in der Gegend von Rosette berichtet. Es folgt die „Liste der Gelehrten, welche sich bei der Schlacht verkriemelt haben", im ganzen 160 Gelehrte. Hieran schließt sich ein „Schreiben aus Rosette vom 2. September", ein Spottgedicht auf Napoleon und der Preis von Nelson, angeblich aus dem Arabischen übersetzt. Aus einem Schreiben aus Hamburg sei zitiert: „Seitdem hier die Nachricht eingelaufen, daß Buonaparte gänzlich geschlagen ist, gehen die französischgesinnten Schlukker so tiefsinnig herum, wie ein Advocat, der den Prozeß verloren hat". Dann kommt ein wutschnaubender Bericht, daß in Altona 16 Exemplare des „Correspondenten" von einem Polizeiknecht confiscіert worden sind. Zum Schluß:

„Französische Theater-Anzeige.

Am Dienstag: Das Schaf, oder der Rindviehdumme Autor.

Am Mitwochen: Die verunglückte französische Flotte, oder das Jubelfest in Rastadt über die Niederlage der Engländer bei Ostende. Ein Vergeltungsrecht in 4 Aufzügen.

Am Donnerstage: Die Eroberung Maltha's, oder ich will Nelson aufsuchen und ihn schlagen.

Am Freitage: Die vermeinte Almacht, oder in wenig Tagen, mein Kind, bin ich als ein noch größerer Held wieder bei dir.

Am Sonnabend: Die Rechnung ohne den Wirth, oder bis hierher und nicht weiter".

Die Nummer vom 10. Oktober 1798 bringt am Schlusse folgende, auf das reproduzierte Bild bezügliche:

Kurze Notiz.

„Vielen von meinen gütigen Lesern war es auffallend, daß ich den edlen Helden Nelson mit zwei Arme dargestellt, und glauben vielleicht, daß meine Unwissenheit daran Schuld war. Nein. Es war in jedem Betracht nicht schicklich, ihn mit einem Arm abzubilden, weil er Erstens einen falschen Arm trägt, und Zweitens viele geringe Leute, die davon nicht unterrichtet sind, es für ein satyrisches Kupfer angesehen hätten, und das verdiente der edle Held nicht, der mehr Thaten mit einem Arm thut, als mancher General mit Kopf, Händen und Füßen".

Nun zu dem zweiten Bilde, wo eine Partie ankommender Dienstmädchen, wie sie der Gewährsmann des Domherrn Meyer beschreibt, in Hamburg mit, man kann zum mindesten sagen, offenen Armen aufgenommen wird. Es gibt, außer dem „Correspondenten", noch eine ganze Spezialliteratur, meistens kleine Pamphlete, mit zum Teil höchst sonderbaren Titeln (vgl. Heckscher l. c.), die sich mit den Dienstmädchen beschäftigt. Aus einer kleinen Broschüre: „Freymüthige Gedanken über den itzigen Anzug der Frauenzimmern mit ihren langen Französischen Sackkleidern. Nebst etwas über die Hamburger Dienstmädchen. Gedruckt im Jahre der Wahrheit" (ca. 1800), sei angeführt: „Nun ein Wort noch obendrein an euch, ihr Dienstmädchen: Es gilt nicht allein den Hamburgern, was ich sagen will, nein! nein, auch denen geht's an, die aus Harburg, Hannover, Bremen, Bremer-Lehe, Bremer-Föhr, Celle, Stade u. s. w. hierher strömen; warum habt ihr solche große und breite Bänder auf euren Mützen, die doppelt aufgesteckt und dann noch beynahe bis auf euren Hintersten herunter hängen? wozu Schürzen mit Frenseln? wozu Schürzen, die mit Schleufen und langen Bändern gebunden werden? — Kauft euch dafür ein gutes Hemde und geht nicht mit zerrissenen und zerflickten Lumpen ..."

Ich bin kein Sachverständiger in der Damenmode, aber das alte Straßenbild, auf das ich mich als Junge besinne, mit den Vierländerinnen und ihren langen Bändern an den Mützen und Schürzen mit Frenseln war so übel nicht.

Doch hier will ich schließen, sonst werde ich am Ende, was jeder Historiker so leicht wird, ein laudator temporis acti, — und das will ich nicht sein, nur ein harmloser Plauderer, der hier und dort in alten Büchern blättert und seinen lieben Mitmenschen gerne vorliest, wenn er etwas Interessantes gefunden hat oder gefunden zu haben glaubt.

*

Die Originale zu den in diesem Buche wiedergegebenen Bildern usw. wurden insgesamt vom Hamburger Staatsarchiv in dankenswerter Weise zu diesem Zweck zur Verfügung gestellt.

Literaturverzeichnis.

Almanach für Reisende. Erster Jahrgang. Hamburg 1782.

Auswahl gültiger Verordnungen der freyen und Hanse-Stadt Hamburg vom Jahre 1774 bis 1810. Hamburg 1831.

Aynard, Joseph, Coleridge. Paris 1907.

Baggesen, Hamburg. Altona. Übersetzung aus Baggesens „Labyrinth" von Carl Friedrich Cramer. Altona und Leipzig 1794.

Benrath, H. Das Stadtbild im Jahre 1800. [Aufsatz in dem Sammelband: Hamburg um die Jahrhundertswende 1800]. Hamburg 1900.

Brandes, Georg, Hauptströmungen der Literatur des neunzehnten Jahrhunderts. 3 Bände. Berlin 1924.

Brandl, Alois, Samuel Taylor Coleridge und die englische Romantik. Berlin 1886.

Brinckmann, Justus, Jahresbericht des Museums für Kunst und Gewerbe für das Jahr 1910. Jahrbuch Bd. XVIII., S. 187 ff. Hamburg 1911.

Bugenhagens Hamburgische Kirchenordnung ed C. Mönckeberg. Hamburg 1861.

Coleridge, Ernest Hartley, Letters of Samuel Taylor Coleridge, edited by E. H. C. 2 Bände, London 1895.

Coleridge, Samuel Taylor, „Biographia Literaria". London 1921.

Cramer, Carl Friedrich, vgl. Baggesen.

Dibelius, Wilhelm, Englische Berichte über Hamburg und Norddeutschland aus dem 16. bis 18. Jahrhundert. Zeitschrift des Vereins für Hamburgische Geschichte, Bd. 19, S. 51/82.

Doering, Heinrich, Klopstocks Leben. Weimar 1825.

Ewald, Fantasieen auf einer Reise durch Gegenden des Friedens von E(inem) P(rediger) v(on) B(remen). Herausgegeben von J. L. Ewald. Hannover 1799.

Freymüthige Gedanken über den itzigen Anzug der Frauenzimmer mit ihren langen Französischen Sackkleidern. Nebst etwas über die Hamburger Dienstmädchen. Gedruckt im Jahr der Wahrheit. (Hamburg ca. 1800).

Hamburg im vorigen Jahrhundert. Mitteil. aus der Hbg. Stadtbibliothek. Aus Nachrichten eines Engländers nach v. Henning's Handschrift 17, Fol. 19/40.

Hamburgischer Garten-Almanach auf das Jahr 1797. Hamburg (1797).

Heckscher-Kowalewski, Johann Markus David. Hauptaufsatz in Mitteilungen des Vereins für Hamburgische Geschichte, Band VIII., S. 372 u. ff. Nachtrag in Band IX., S. 182 u. ff. Zweiter Nachtrag im Band X., S. 34 u. ff.

Heß, J. L. v., Hamburg topographisch, politisch und historisch beschrieben. Drei Teile. Zitate — mit Ausnahme einer besonders vermerkten Angabe — nach der zweiten Auflage von den Jahren 1810/11.

Knight, William, The Life of William Wordsworth. Edinburgh 1899.

Lamb, Charles, The Essays of Elia. London 1923.

Mack, H., Hamburg und die Hamburger im Jahre 1809. Aufsatz in der Zeitschrift des V. f. H. G., Bd. 21, S. 63/81.

Menuret, J. J., Essai sur la ville d'Hambourg. Hamburg 1797.

Merkel, G., Briefe über einige der merkwürdigsten Städte im nördlichen Deutschland. Erster Band. Briefe über Hamburg und Lübeck. Leipzig 1801.

Meyer, F. J. L., Skizzen zu einem Gemälde von Hamburg. Sechs Hefte in zwei Bänden. Hamburg 1800/02.

Minder, Joh. Arnold, Briefe über Hamburg. Leipzig 1794. (Anonym. Doch steht die Autorschaft fest).

Muncker, F., Klopstock. Geschichte seines Lebens und seiner Schriften. Stuttgart 1889. Zweite (Titel-) Auflage Berlin 1900.

Picture, vergl. Rede.

Rambach, Joh. Jakob, Versuch einer physisch-medizinischen Beschreibung von Hamburg. Hamburg 1801.

Rede, Lem. Thomas, The Picture of Hamburg or the Englishman's Guide to that Free, Imperial City. Hamburg und London. Ohne Jahr (ca. 1804).

Rede, Lem. Thomas, A Sketch of Hambourg. Hamburg 1801. [N. B. Bei den beiden vorhergehenden Büchern steht die Autorschaft zwar nicht absolut fest, ist aber so gut wie gewiß. Sie erschienen ohne Namen].

Sammlung der Hamburgischen Gesetze etc., Teil XII. Hamburg 1773.

Schröder, Hans, Lexikon der hamburgischen Schriftsteller bis zur Gegenwart. 8 Bände. Hamburg 1851/1883.

Schütze, J. Fr., Hamburgisches neues Taschenbuch auf das Jahr 1802. Hamburg 1802.

Sketch, vgl. Rede.

Suhr, C., Hamburgische Trachten. Hamburg 1838. Faksimilierte Ausgabe des Verlagsbuchhändlers Hermann Barsdorf. Mit Einleitung von Dr. J. Heckscher. Berlin 1908. Zitiert als: Suhr-Heckscher.

Traill, H. D., Coleridge. London 1884.

Turnbull, Ed. A., Biographia Epistolaris. London 1911.

Willebrand, Joh. Peter, Hamburgs Annehmlichkeiten von einem Ausländer beschrieben. Hamburg und Leipzig 1772.

Willebrand, Joh. Peter, Vermehrte Nachrichten von den Annehmtlichkeiten in und um Hamburg. Hamburg 1783. [N. B. Die beiden vorhergehenden Bücher erschienen anonym, doch steht die Autorschaft fest.]

Wölfle, Karl, (in Verbindung mit anderen), Hamburger Geschichtsatlas. Hamburg 1926.

Außerdem sind von allgemeinen Nachschlagewerken die Allgemeine deutsche Nationalbiographie und der Dictionary of National Biography (abgekürzt in D. o. N. B.), letzterer besonders häufig, benutzt worden. — Die Adreßbücher sind im Text genügend und zusammenhängend erwähnt, so daß ich mir hier die Wiederholung der langen Liste sparen konnte. Ferner sind nicht aufgeführt die auf Klopstock bezüglichen Bücher, die ich nur nach Doering zitierte, aber nicht Gelegenheit hatte, im Original einzusehen.

FSC
www.fsc.org
MIX
Papier | Fördert
gute Waldnutzung
FSC® C083411

Zeitfracht Medien GmbH
Ferdinand-Jühlke-Straße 7
99095 Erfurt, Deutschland
produktsicherheit@kolibri360.de